提问力
（笔记版）

赵周 李真 丘恩华 ◎ 著

电子工业出版社
Publishing House of Electronics Industry
北京·BEIJING

内容简介

比知识更加重要的是人的思维方式，在信息过剩的时代，知识可以便捷获取，提问比答案更加彰显价值。高效能人士总是善于通过提问来解决问题，提问质量决定人际关系质量，提问能力决定职场能力，提问水平决定思维水平。

本书的内容源自拆书帮与在行合作的好评课程。书中通过分析和讲解多个经典的提问模型和方法，结合大量工作、生活中的真实场景，帮助你培养提问的意识、拓宽提问的思路、提升你的提问水平，进而帮助你改善人际关系、提高分析问题的能力，更快速地实现自我提升。

时常问自己"我想要获得什么？"相信本书会帮助你系统地提升思考力，完成思维模式的升级，成为优秀的提问者，成就卓越人生。

本书是《提问力》一书的升级版本，方便读者在学习、讨论时随书记下心得笔记。

未经许可，不得以任何方式复制或抄袭本书之部分或全部内容。
版权所有，侵权必究。

图书在版编目（CIP）数据

提问力：笔记版 / 赵周，李真，丘恩华著. —北京：电子工业出版社，2024.5
ISBN 978-7-121-47770-6

Ⅰ.①提… Ⅱ.①赵… ②李… ③丘… Ⅲ.①提问—言语交往 Ⅳ.① B842.5

中国国家版本馆 CIP 数据核字（2024）第 083927 号

责任编辑：邢慧娟
印　　刷：中国电影出版社印刷厂
装　　订：中国电影出版社印刷厂
出版发行：电子工业出版社
　　　　　北京市海淀区万寿路 173 信箱　　邮编：100036
开　　本：710×1000　1/16　印张：9.5　字数：155 千字
版　　次：2024 年 5 月第 1 版
印　　次：2024 年 5 月第 1 次印刷
定　　价：49.00 元

凡所购买电子工业出版社图书有缺损问题，请向购买书店调换。若书店售缺，请与本社发行部联系，联系及邮购电话：（010）88254888，88258888。
质量投诉请发邮件至 zlts@phei.com.cn，盗版侵权举报请发邮件至 dbqq@phei.com.cn。
本书咨询联系方式：zhangruixi@phei.com.cn。

好的提问，撩拨深度思考

姬十三（果壳网 CEO，在行创始人）

和赵周见面几次，最深的印象是他聊天节奏特别快。回想起来，他不停地在提问，问题一个接着一个。虽然节奏快，但并不让人觉得累。

我经常接受媒体采访，新手记者的提问，像很多条平行线，问题与问题之间没有关联。回答这种问题特别累，思维需要频繁跳跃。结束了觉得表达得不尽兴，回答得浅尝辄止。好多问题可以用"对啊""是啊"来解决，有耐心的时候多聊几句，下一个问题就又得重启话头。

赵周不是这样提问的。最初几个问题看似人畜无害，温柔几刀，但你顺着他的思路下去，就被他一步步带向深处。他的问题是一簇箭头，一个接着一个，上一个为了下一个，下一个接着上一个。但这并不让人觉得累，反而让人觉得这场聊天是尽兴的、有余味的，恨不得结束后拿起本子记下自己的灵光一现，记下自己的深度思考。好的提问，是思考的撩拨器。

拿到《提问力》的手稿，我明白了他不是禀赋如此，而是有成套的方法论，是深思熟虑的结果。他继承的是"苏格拉底式提问"，也即认为一切知识，均从疑难中产生，愈求进步疑难愈多，疑难愈多进步愈大。著名的白宫新闻记者弗兰克·赛斯诺（Frank Sesno）也认为"提出问题就已经解决了问题的一半"。通常，我们的问题反映出我们是谁、我们将去向何方，以及我们的沟通方式。问题帮助我们打破障碍，发现秘密，解决谜题，想象新的做事方式，争取他人的支持，引导我们解决问题。但是很少人知道如何系统地进行有效的提问。

2013年伊始，赵周成立了拆书帮，一点点吸纳人进来读书、拆书，提升自己的学习能力，从1个人开始，到全国60多个分舵，近两千名拆书家，这是一个缓慢生长的成人学习和教育基地。而提问，就是他们从拆书到生活实践的一个基础法则。

《提问力》这本书还源自拆书帮和在行的课程合作。在在行的平台上，用户可以约见9个城市的近2万名行家，与他们一对一见面，沟通学习。同样的见面时间，有人觉得很有价值，有人却感觉收获不大，很大的差异就在于懂不懂提问，懂不懂用提问把老师"榨干"。我向所有的在行用户推荐赵周老师、李真老师、丘恩华老师这本书。它为所有向他人请教的场景提供了可行之道。提问之于人与人之间是交流、之于自己是内省、之于学习是内化。我相信各位能在这本书中找到赵周老师之于以上三点提供的可行方案。

赵周在书中提到，他意识到提问重要，是因为十多年前被一位牧师朋友提问而受到启发。读了这本书，学会了提问，你说不定就能启发下一位朋友学会提问。如果人人都懂得如何提问，交流和思考的有效性就可以呈指数级提升。

序二

提问的力量

黄一琨（资深媒体人，出版人，行距文化创始人）

十多年前，我做媒体记者的时候，很怕参加新闻发布会。因为每到发布会的提问环节时，我的很多记者同行们接过主持人给的话筒之后，就把这个提问环节变成了自己的舞台。他们总是要花五到十分钟的时间发表自己的感想，滔滔不绝，以至于主持人不得不打断和提醒。"你的问题是什么？"这是发布会上常常能听到的问题，原来是发布会的主持人不得不问记者们。

记者本来是职业提问者，代表公众去了解事情的缘由，向事件当事人发问。但是我的那些同行们却忘记了自己的职业定位，热衷于自说自话。一个不会提问的记者不是一个好记者，因为他缺乏好奇心和探究的精神，以及职业素养，媒体人的公共性在他身上已经很难体现了。

最近又有机会看了国内人文学科的一些论文，印象很深的同样是写作者不会提问。好的学术论文应该有基本的问题意识，以自己的学科为工具和框架，提出并试着回答一个"真问题"。但是很多论文所阐述的问题或者不是一个真问题，只是已知的重复和诠释；

或者大而无当，是很多问题的杂糅而已。

现在我身处创业公司，同样常常感受到提问的重要性。一个创业者常常处在不断提问和被提问的处境中。你需要问自己：这是你真正感兴趣，愿意付出努力的事情吗？这样的事情真的有价值吗？你也会不断被外界、被投资人问：你发现的需求是真实存在的吗？你所做的事情真的能让这个世界更有效率，更加美好吗？创业当中除了这些根本性问题，还有一些实际的运营问题需要被提出。今天的互联网创业者都会重视数据的反馈，但正如《精益数据分析》一书所说："人类负责灵感，机器提供验证"。对收集到的数据进行判断和分析，这样的能力固然重要，但更重要的是决定采集什么样的数据，制定什么样的数据框架，这是一个创业者对所处环境和自己资源禀赋、异象进行评估后要做的事情。很多时候创业者强调数据能力，往往说的是第一种，却忽略了第二种能力可能是更基础的，这种能力主要看的是创业者的灵感或者直觉。今天，"风口""赛道"这样的概念甚嚣尘上，很多投资人和创业者热衷于跟风，却没有好好去发现和提出问题，并以此构建好自己的基础商业模式。

很高兴我的朋友赵周和他的拆书家伙伴们写了这本和提问有关的书。提问是赵周的特长。他大学的专业是理论物理，在我看来这个学科就是提问，不断提问，直到宇宙的尽头，以至于对自己的存在都产生了怀疑；后来他又成为阿里巴巴集团非常成功的销售管理者和企业内训师，在中国企业电子商务的早期阶段，用提问来不断帮助中小企业主发现内在需求。生活中的他也是个会问很多问题的人，有时候你会觉得他有点炫技，但是和他的交谈一定不会陷入尴尬，且会使朋友间的对话有趣味、有温度、有深度。

我们太多时候在工作和生活中假装沟通，自说自话，陷入思维和认知的自我封闭当中，因此也不可能在和他人的关系上有真正的开放性。看到那么多人工作多年，提问的水平却没有改变，说明思维能力和人际交往的能力都没有真正提升过，不禁想，要是更多的人都读读这本书就好了。

目录

引言：抓住机会提问就是抓住机会改变　　001

第一部分　你真的会提问吗　　017

01 开放/封闭式问题——如何化解令人尴尬的聊天　　018

02 开放式问题线——让你正能量满满，
　　远离负面焦虑　　024

03 苏格拉底式提问法——有人向你请教，
　　你却不知道答案，怎么办　　032

第二部分　人生窘境，怎样用提问来破　　039

04 共情型问题——如何让"受伤"的人感受到被理解　　040

05 对抗性问题——被忽悠或欺骗时，
　　如何通过提问进行谈判　　046

06 焦点讨论法——一场有质量的聚会，
　　是这样做的　　053

07 XYZ法则——如何化解父母逼婚　　065

08 不忘初心的四个基本问题——闺蜜迷失了自己，
　　如何帮她找回初心　　072

09 欣赏式探询——如何挖掘他人闪光点，

　　成为最受欢迎的知己　　　　　　　　　　　079

第三部分　问对哪些问题，个人成长能加速　　087

10 选择地图——为什么他比我发展得更好　　088

11 GROW 模型——年年有一个相同的目标，

　　为什么都没有执行　　　　　　　　　　　093

12 积极提问三原则——改变提问，

　　改变思维模式　　　　　　　　　　　　　099

13 采访型问题——如何在面试中掌握主动权，

　　成为大赢家　　　　　　　　　　　　　　105

14 复盘——向过去学习，实现复利式的进步　　112

第四部分　怎样提问攻克难题　　119

15 SCQA 模型——如何快速挖掘到问题本质　　120

16 丰田五问——如何预防老板咆哮

　　"这么简单的事情都干不好"　　　　　　127

17 脑袋换位思维训练法——如何站在更高的高度思考问题　　133

18 迪士尼策略——提出新计划时，

　　如何不被老板"拍死"　　　　　　　　　138

引言

抓住机会提问就是抓住机会改变

测一测你的提问水平

这本书的内容源于拆书帮与在行合作的好评课程。这一课程的学习目标是，培养你提问的意识，拓宽提问的思路，提高提问的水平，从而达到改善人际关系、提高分析能力，实现自我提升的目的。

如果你对自己的沟通习惯和沟通效果有过一些反思，那么你可能已经发现提问的技能非常重要。如果你读过一些谈及沟通的文章，听过一些沟通技巧的建议，那么你应该也注意到"提问"常常会被提到。如果你已经注意到提问的重要性，也看了一些有关提问的书籍，那么你也许会发现，有些书虽然讲得头头是道，但却很难帮助你实际运用。

于是你有些困惑。

那是因为很多讲提问的书，内容太过专业，更注重研究"提问分类学"，与具体应用中间有较大距离。

我在企业中做了多年销售和管理，之后一直在培训部门和成人学习领域工作，深知仅仅知道分类和原理，仅仅做纸上谈兵的练习，是不足以帮助我们真正学会应用的。

提问为什么重要

好的提问可以让别人更有兴趣，更重视你的话；
提问可以引导话题、推动深入交流；
精心设计的提问能够让他人更尊重你，重视你的意见，感觉你很专业；
通过提问你还可以不断深入剖析问题的本质，促进自己和他人的成长。

所以，我们不研究提问的类型，我们只分析和研究在各种情况下，如何应用提问达到期望的效果。

★提问质量决定人际关系质量，提问能力决定职场能力，提问水平决定思维水平。

下面，大家一起来做个小测试，评估一下自己提问的素质如何。

请你拿出一支笔,一张纸,给自己打分。

下面的每句话,如果完全符合你的情况,你总是这样的,请打6分;如果完全不符合,你从未这样,打1分;偶尔符合,打2分。

(1)我的好奇心强到这样一个地步,足以驱使我常常问问题,比如我会问空姐为什么起飞前要拉开遮光板。

(2)我尊重他人到这样一个地步,足以胜过我的表现欲和好胜心,因为我发自内心想了解别人的想法。

(3)我不会用反问的方式表达质疑,也从不用质问的方式进行挑战。

(4)当我的想法被人反对时,我总是努力去了解对方对这类事的想法,而不是试图说服他或证明他错了。

(5)我善于解决问题,因为我总是不断地去探究问题背后的假设,直到抓住本质。

满分30分,你得了多少分?如果得分大于等于22分的话,就说明你的提问素质很不错。如果得分低于16分,那么,希望这个测试结果能帮你了解提问的核心:不在于技巧,而在于背后的意识。

★抓住机会提问就是抓住机会改变——改变关系(人际关系),改变自己（自我提升），改变思路（问题分析）。

要想从根本上提升自己的提问意识和提问素质，需要有"三心二意"：关怀心、好奇心、探究心，敬意和刻意。

三种场景

绝大多数未经训练的人，本能是表达，而非提问。这导致当沟通出了问题、人际关系出了问题、工作和生活出了问题时，人们在反省时，往往会想到应该提升表达能力、提升说服能力、提升情绪管理能力，却想不到应该提升提问能力。

★如果你根本想不到出现问题时有很多提问的机会，想不到通过提问就很可能扭转局面，那你怎么可能抓住机会提问呢？

我们考虑以下三种场景。

1）应该提问的场景：人际关系

你有没有经历过相亲？两个人很快无话可说，你浑身不自在，心中默默祈祷这场会面赶紧结束吧。或者，你有没有这样的经历，在部门团队建设活动时，跟领导坐在一起，找不到可以聊天的话题，长时间的沉默又让你恨自己怎么这么拙口笨舌？或者，你很希望找到办法解决跟家人的问题，但你们的谈话却朝着你不希望的方向一路狂奔。你们以前争论过某件事情，你并不喜欢争执，但你越来越觉得这个问题可能永远无法解决了。

2）应该提问的场景：自我提升

你打开电脑，却发现自己最不想打开工作文件夹，因为好多紧急的事情都等着你处理。为了摆脱压力和烦躁，你打开朋友圈、微博、淘宝，让自己能暂时逃离。你觉得自己患上了拖延症；你觉得自己情绪管理有问题，时间管理有问题，自我管理有问题；你觉得自己需要听这门课，需要买那本书，却没有帮你解决焦虑。你不断地问自己：我到底想要什么？我到底该怎样努力？却找不到答案。

3）应该提问的场景：问题分析

你正在和一个潜在客户谈话，你觉得自己已经做好了准备，这次应该能够达成交易。但对方的表现出乎你意料，他问了一些你没想到的问题。你努力保持冷静，维持笑容，绞尽脑汁地回答，可你从他的反应看出来他并不满意。你不知道问题到底出在哪里，你不知道该说些什么才能把对方拉回来……

这些场景，都有一定的代表性。本书在后边的章节中，将详细讲解在这些场景中如何提升提问的技能，如何把表达转换为提问，把说服转换为探究、把关注点从自己转换为对方……通过抓住提问的机会，找到解决问题的途径。

抓住提问机会的"三心"

那么，如何成为善于抓住提问机会的人呢，我们总结了以下"三心"。

1）关怀心

> **请回答以下三个问题**
>
> 你是否有过在参加会议、讲座或跟人谈话时，心中想的不是"对方是什么意思"，而是"我等一下怎样回应"？
>
> 你是否有过没等他人把话讲完，就打断人家，急着讲你的看法或意见？
>
> 你是否有过在跟人交流的过程中，发现自己只听到了问题的后半截，不得不请人家再重复一遍？

关怀心，意味着把注意力放在别人身上。当你真正关注他人的时候，你就会想了解他：了解他的想法和他说话背后的感受，从而在理解和共情的基础上沟通。这样能帮助你更好地找到对方内心的需求，而不是根据你的意图进行主观推断。你能关注到他真正在乎什么，对他来说什么更重要，相对来说什么没那么重要。在此基础上，你可以利用他的话，来设计一些有针对性的提问。

你的客户说："我看不出这个方案对我们有什么价值。"

你可以抓住他这句话的关键词，问："你们最在乎哪些价值呢？"

同事闲聊时说："我觉得买不买房其实不重要。"

你可以问："对你来说比较重要的事情是什么呢？""你这样想很不寻常呀，你是怎样有这个想法的？"

总结

"关怀心"，关心对方在乎的事情，关心对方期待的结果。

2) 好奇心

请回答以下三个问题

"鱼香肉丝"为什么叫鱼香肉丝，明明没有鱼啊？

你吃过"海苔"吗？海苔是一种产品名称（就像饼干、面包），还是一种植物名称（就像海带、白菜）？

坐飞机的时候，起飞前空姐会要求"打开遮光板"，那是为了起到什么作用？

你可能对这些事情司空见惯，从来没有产生过疑问；或者更有可能你在第一次听到时觉得有一点好奇，但没有深究，之后就不以为奇了。这叫习焉不察。如果这三道题你都不知道标准答案，那么就要提醒自己了：习焉不察是提升提问能力的大敌。

小心呵护自己的好奇心，养成对别人习焉不察的事情进行提问、探索的习惯。而且，一定要在第一次有疑问的时候就提问，并努力去找到答案。

"海苔"是一种产品名称，一般由紫菜深加工而成。

"鱼香"是一种做法，就像"红烧"和"清蒸"一样。鱼香肉丝是用川菜特定的烧鱼的做法来烧的肉丝。

大家可以自己找一下"打开遮光板"这一问题的答案。

总之，如果你养成了将好奇心放大为行动的习惯，你就能注意到别人忽视的细节，就会有更多机会发现他人没能发现的问题、想到他们没能想到的方案，从而得到他人的认可和尊重。

总结

抓住提问机会的"好奇心"，要点是在他人不注意的地方有觉察，并把好奇心强化为持续的行动。

3) 探究心

请回答以下问题

如果有人问你"怎样提升英语阅读能力？"你是直接回答他，还是追问他真正的目的是什么？

如果有人说他想辞职，而你知道他最近一年已经换了三份工作，那么你会建议他再干一段，还是会问他对这份工作不满的原因，以及这不满背后的本质问题是什么？

每位善于从经验中成长的人都知道，生活中遇到的绝大部分问题，都不是表面看起来的那么简单；工作中遇到的绝大部分需求，背后都有没说出来的动机或目的。

普通人在遇到问题时，第一反应往往是"该怎样解决这个问题"，而真正有经验、善于思考的人，会刨根问底，通过提问，像剥洋葱一样，追问问题的本质；通过提问，耐心了解对方需求背后的动机。

探究能力，是分析问题、解决问题的核心技能。本书相关章节会讲到通过提问深入探究和分析问题、通过提问锻炼顾问式思维的方法和思路。

总结

抓住提问机会的"探究心"，要点是对第一反应说不，刨根问底，达到问题的本质。

升级提问效果的"二意"

我五六岁的时候,每年暑假都会被送回老家。在老房子的后面,有一片锁着的园子。因为根本进不去,所以那片地对我来说就像不存在。直到有一天,哥哥带着我,爬上一棵歪脖树,跳上墙,再翻进园子——一片新天地就此打开了。从此,我每天都爬过去玩。

类似地,有了关怀心、好奇心和探究心这"三心",你会发现眼前仿佛开辟了一片新天地——以前根本没有想到,原来可以提问的机会有那么多啊!

不过,提问本身并不是目的。提问能力之所以重要,是因为它可以给我们带来很多好处。多抓住机会提问,多练习,才能够进一步提升个人在人际关系、自我提升和分析问题等方面的能力。

用"三心"抓住提问机会之后,还要用"二意"来升级提问效果。这"二意"一个是"敬意",一个是"刻意"。

1) 带着敬意去提问

★敬意,意味着提问时,内心是尊重对方的。

尊重他人,首先是尊重他人的智力。很多时候,人们在遇到不同意见时会提问,但提的问题往往是下面这样的。

∙∙

"你怎么能这么想呢？"

"难道你就没有考虑过意外情况吗？"

"万一失败了你负责吗？"

……

∙∙

这些质问和反问，虽然也是用升调和问号来结尾的，但本质上是一种强烈的表达，而不是带着尊重的提问。这样说话的时候，你的内心是贬低对方的，你觉得对方思考没有你周到、见识没有你广博，或者动机没有你公平。这都是不尊重对方的智力。

如果你发自内心地尊重对方，你就不会这样问。你会想，他很聪明啊，他也很有经验啊，为什么他的方案和我的差别这么大呢？心怀这样的敬意，会促使你用更耐心、更好奇的方式向对方提问。

尊重他人，其次是尊重他人的选择标准。你的朋友要换一辆新车，是买帕萨特还是买凯美瑞，这是选择。做出这个选择背后的逻辑，是"标准"。例如，他最看重安全，其次看重保值，然后才看重技术性能，最后才是外观。这是他的选择标准。

当我们着眼于选择时，往往各执一词，但着眼于选择标准，就容易开放地进行探讨。尊重对方的标准，意味着你要去问，他是从哪些方面来考虑这件事，或者他做这个选择时会考虑哪些因素。

总结

带着敬意去提问，首先要做到不质问、不反问；然后追问对方到底是怎么想的，是什么导致彼此的想法会有这么大的区别；还要关注对方的选择标准。

2）带着刻意去提问

★刻意，是顺其自然的反面。

很多人沟通水平很差，却瞧不起一切沟通技巧，将其轻蔑地斥之为"套路"，还自诩"我这人就是直，有啥说啥"。殊不知有效的沟通都是要准备的，"刻意"和"真诚"并不矛盾，尤其是提问技能。我们之前说，人类的本能是表达而不是提问，如果不做准备，临时想到的提问效果就会很差。

比如，管理者有一项很重要的管理工作是跟下属做一对一的谈话。没有准备的管理者，会在一对一谈话时随意问几个问题，然后很快进入主题。

·······························

主管：最近工作压力大吗？
员工：还好。
主管：加班多吗？
员工：老样子。
主管：家里都好吗？
员工：挺好。
主管：有什么话想对我说吗？
员工：没有。
主管：那你对自己这个季度的绩效满意吗？
……

·······························

这样的提问，没有经过很好的准备，所以达不到好的效果。你仔细分辨，会发现这里用的大多是封闭式提问，这类问题使对方没什么话好说。

所以，企业每位管理者要刻意准备跟下属一对一谈话时要问的问题。

类似地，你要去相亲，出门之前除了要好好打扮一下，还要好好准备一下可以问对方哪些问题，能够快速判断是否能走到下一步。你要去求职面试，除了规划要讲什么实例来凸显自己的能力，还应该好好准备一下问面试官什么问题，能够让他感受到你的专业度。

当然，你要有足够的知识储备。能够区分封闭式问题和开放式问题，知道遇到反对时要准备哪些问题、需要表达不满时应该准备哪些问题、希望促进紧密关系时提什么样的问题效果最好……有了提问的方法论和知识的储备，才可以在需要的时候择优选用、游刃有余。

带着刻意去提问，还体现在对敏感的提问"加铺垫"。有时候，仅仅是提问本身，就已经让对方不爽，他会琢磨，你在这时候问这个问题，是不是不信任我？是不是你有其他想法？是不是你等着在我说完后指责我呢？敏锐的沟通者会在这类提问之前加个铺垫，也就是先解释"我为什么要问这个问题"。

> **对敏感的提问加铺垫**
>
> "刘总，因为我得回去和技术部门的同事一起给您设计方案，所以得问一下您预算是多少？"
>
> "李经理，我得问一下年底有没有可能涨工资，能涨多少，因为我媳妇跟我商量能不能换个房，现在孩子上学太不方便了。"
>
> "老公，我明天有可能要跟同事一起去逛街，所以问一下你出差什么时候回来呀？"

★带着刻意去提问，首先要刻意准备，其次是对敏感问题要加铺垫。

有敬意，有刻意，你的提问效果会大不一样。

抓住机会提问就是抓住机会改变，用关怀心、好奇心和探究心，来抓住提问机会；用敬意和刻意来升级提问效果，你会发现一片新天地：提问不仅是一个习惯，更是一门学问，提问技能很实用。掌握提问的学问，会帮你在改善人际关系、提高分析问题能力、自我提升等方面攻城略地，连连得胜。

提问质量决定人际关系质量，提问能力决定职场能力，提问水平决定思维水平。

请你带着这三个问题来翻开本书

- 建立并维持良好关系的能力，对你来说意味着什么？
- 如果分析问题的能力得到提升，能够为你带来多少价值？
- 你愿意为提升自己的提问技能做些什么？

本书使用说明

在阅读本书时，建议读者使用拆书帮独创的 RIA 便签读书法阅读，将学到的知识"拆为己用"。

"拆"，不是"拆散"，而是"拆迁"。我们常常在路边砖墙上看到的带个圈的"拆"字，其实重点不是把那房子拆了，而是在那里要盖上新房——只有建起新房子才能产生价值，给开发商、购房者和拆迁户带来利益。

"拆为己用"，是转化和内化。就是强调让读者把图书中的知识片段转化为学习者自己的能力。

RIA 便签读书法是拆书帮学习方法论的核心环节。

R 表示阅读（Reading）

I 表示重述（Interpretation）

A 表示拆为己用（Appropriation）

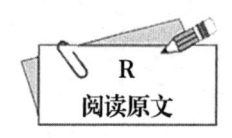

```
┌─────────────┐
│     R       │
│   阅读原文   │
└─────────────┘
```

阅读原文。我们读书时碰到精彩段落，心有所动，会画线、摘抄、转发……阅读原文，是获取书本的知识精华。

```
┌─────────────┐
│     I       │
│   重述信息   │
└─────────────┘
```

重述信息。在阅读本书时，将那些打动你的段落用自己的语言简要重述相关信息，也可以总结自己得到的启发、有价值的提醒，这就是 I 便签。写好后贴在相应的书页。

```
┌─────────────┐
│     A       │
│   拆为己用   │
└─────────────┘
```

拆为己用。用便签读书法，对所读书中的知识片段进行分析、研究和运用（我们称之为"拆解"），最终将书中的知识片段转化为学习者自己的能力。"拆为己用"部分有多个拆解方向，本书涉及"A1 反思经验"和"A2 规划应用"两个方向。

A1 反思经验

反思经验，指向过去。

A1 标签代表反思经验。针对书中的某个信息，问问自己是否听说过或者见到过类似的事情，有没有相关经历或经验。如果有，就将内容写在一张 A1 便签上，贴在 I 便签旁边。

A2 规划应用

规划应用，指向未来。

A2 标签代表规划应用。规划如何应用时，尽量先考虑应用的目标，再写下达到目标应实施的行动计划。将内容写在 A2 便签上，贴在 A1 便签旁边。

在本书中，我们在每一章最后的"拆为己用"环节中给出了 I 便签、A1 便签、A2 便签的指令，读者可以按照指令阅读本书，真正将书中的知识"拆为己用"。

关于本书作者

本书由赵周、李真、丘恩华共同撰写，其中，赵周撰写引言、第1章、第3章、第7章、第12章、第16章，李真撰写第6章、第10章、第11章、第13章、第15章、第18章，丘恩华撰写第2章、第4章、第5章、第8章、第9章、第14章、第17章，书中的第一人称"我"，指代相应章节的作者，特此说明。

第一部分

你真的会提问吗

01 开放/封闭式问题
——如何化解令人尴尬的聊天

网络上有一副对联这样总结很久未联系的两个人在微信上的聊天过程。

上联：在吗？干吗呢？最近怎么样？

下联：嗯在，没干吗，挺好的你呢？

横批：呵呵。

为什么会出现这种令人尴尬的聊天场面呢？

因为提问者缺乏对沟通本质的了解，也缺乏对人际关系的了解。

人际关系是单向的还是双向的？是双向的。一个有效的沟通应该是单向的还是双向的呢？也是双向的。

那么，表达和提问，哪个是单向的？哪个是双向的？

答案是"不一定"。有准备的表达，可能是充分考虑对方兴趣的，是双向的。没有准备的提问，也可能是无法引发互动的，是单向的，正如上面对联中调侃的那样。

我看电视时喜欢看体育频道，但跟许多人的关注点不一样，我特别喜欢看记者采访运动员。

记者们的提问方式

"这是你的第二届全运会了，你对这个证明自己的机会是不是等了很多年？"

"之前咱们交流过，我说你一定要拼，你今天拼了吗？"

"比赛的最后，A球队队员不断地在犯规，你是否觉得A球队有12个人在比赛？"

"你取得这样的成绩，最想感谢的是祖国还是父母？"

你觉得这些记者的提问存在什么问题？

他们虽然在提问，但所提的问题都可以用一两个简单的词来回答，很多时候答案已经在提问之中，回答者只需要选一个就成了。这一类提问，叫作"封闭式提问"（提出的是封闭式问题）。对于封闭式提问，回答者往往可以用"是不是""对不对""行不行""前者或者后者"来回答。

开放式提问就像一个命题作文，而不是选择题或填空题。一般来说，用"如何""怎样""为什么""怎样看待"引发的提问，属于"开放式提问"（提出的是开放式问题）。对于开放式提问，回答者需要思考和解释。

这两类问题的区分，对实际沟通有很大的影响。在斯科特·普劳斯（Scott Plous）所著的《决策与判断》一书中提到，心理学家舒曼和斯科特曾做过这样一个实验：他们请一些人回答一个问题："当前我们国家面对的最重大问题是什么？"对一部分人，他们会问一些开放式问题；对另一部分人，他们会问一些封闭式问题。实验发现，仅仅是提问方式的转换，就对调查结果的影响非常大。

下面，请你来做一个小小的练习，建议你按照练习的要求来进行。

> **造句练习**
>
> 请按照以下要求，在两秒钟之内造句。不用写，念出声来就好。
> 请用"成长"这个词造个句子。
> 请用"关系"这个词造个句子。

我猜一下：刚才这两个句子，你造的都是陈述句，对不对？

在一些培训课上我发现，如果我让 10 个人造 100 个句子，在不加提醒的情况下，会有 90 多句都是陈述句。这说明，提问不是我们的习惯，我们的本能反应都是表达。

下面我们再来做一轮练习。

> **造句练习**
>
> 请用"能力"造一个疑问句。
> 请用"分析"造一个疑问句。

现在来看一下，你刚才造的两个疑问句，使用的是封闭式提问，还是开放式提问？

同样，在没有提示的情况下，80% 的人造的都是封闭式的问句。

造句练习

"你觉得我的能力强不强？"
"你分析过那件事吗？"
"你想不想提升问题分析能力？"

这个小练习想要说明的就是，大部分人其实不爱提问；而在被要求提问时，大部分人的第一反应通常是使用封闭式提问。

这里并不是说封闭式提问一定不好。封闭式提问和开放式提问，各有其特点和用场。善于提问的人，会根据沟通的目的来选择提什么样的问题；而未掌握这项技能的人，则凭着本能去说、去问。

在一对多的时候，比如演讲和培训等场合，封闭式提问更有利于引发一个快速的互动，因为演讲需要的不是深度交流，而是浅层互动。在这些场合，开放式提问则容易造成会场失控。

从本章开头提到的微信上那种令人尴尬的聊天场景中不难发现，发起聊天者期望的效果是愉快的交流，但尴尬的是，两方都没有进入深度交流的能力（也可能是一方没有这个意愿）。

那么遇到这种情况怎么办呢？

★促进人际关系的提问技巧之一，是就对方比较熟悉的话题提出一些具体的开放式问题。

（1）提问的方向是对方熟悉的话题，而不是自己热衷的话题。这样对方才有话好说，有话想说。

（2）提问要具体，不要过于宽泛。问得太宽泛，对方就会感觉无从说起，只能简单概括地回应，然后两人就无话可说了。

（3）要多提开放式问题。因为太多封闭式问题会导致谈话枯燥，对方可能会感觉自己在接受审讯或盘问。而开放式提问不是一两个词就可以回答的，它会令对方感觉到，你对他们说的话很感兴趣，想了解更多。

开放式提问示范

"上次你说你父亲住院了，现在怎么样了？"
"那件事那么难，你是怎么做到的？"
"关于……你最喜欢什么？"
"我有个某方面的困惑，知道你在这方面很有经验，所以想听听你的意见。"

总之，要有区分封闭式提问和开放式提问的意识，要能刻意扭转只是表达或者只提封闭式问题的习惯。在希望促进人际关系的场景，可以就对方比较熟悉的话题提出一些具体的开放式问题。

拆为己用

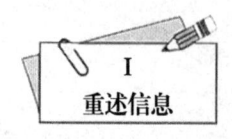

I 重述信息

你怎样理解开放式提问和封闭式提问各自的适用场景？找一个人把你的理解分享给他。

A1 反思经验

你最近有过与他人进行一对一面谈的情景吗？比如面试、相亲、老友重逢、工作中的绩效谈话，等等。回想一下，当时你都提过哪些问题，写下来，并一一标注它们分别属于开放式提问还是封闭式提问。

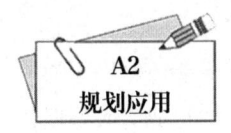

A2 规划应用

假设你遇到了一位中学同学，你们曾经关系很好，后来联系少了。这次你们一起吃饭，在交流中，如下哪些话是比较好的、能够促进关系的：

A. 听说你嫁入豪门了呀！是不是都快忘记我们这些穷朋友啦？

B. 你现在一个月收入多少钱？

C. 我看你在朋友圈常发你家娃的照片，好可爱！你家娃都喜欢什么呀？

D. 这些年来，你有没有偶尔会想起我？

E. 那几年发生了什么，让你换到现在这份工作的？

参考答案：C、E

02 开放式问题线
——让你正能量满满，远离负面焦虑

在生活中，我们每个人，总有焦虑或者伤心难过的时候。有的人在焦虑的时候，会一直在焦虑中打转；在伤心的时候，会一直在伤心的情绪里徘徊。焦虑、伤心、失落，这样的情绪，像黑洞一样，吸掉我们的正能量，让我们消磨光阴，碌碌无为。这些我们讨厌的负能量状态，可能因个人的行为导致。而影响行为的是个人习惯，个人习惯则是由思维意识决定的。

★思维意识出了问题，就可能导致人陷入负能量状态的恶性循环。

我有一个朋友，从昆明来到广州。面对广州的高房价，开始只是有一点点焦虑，后来房价越高，他的焦虑也越大。加上新环境的适应问题，以及新工作任务的挑战等，他的焦虑越来越严重，变成了巨大的心理压力，心情总是乌云密布。持续了半年之后，他的负面情绪愈发严重。负面情绪像是会传染一样，也影响了家人，他开始和爱人闹矛盾。心情很糟糕的时候，他就觉得自己做了错误的选择，陷入了负能量的黑洞之中。他该怎么办呢？

当我们陷入焦虑的时候，如何才能转换思维模式，快速从黑洞般的恶性循环中飞越出来呢？我们可以使用开放式问题线模型[①]，如图 2-1 所示。通过高质量的提问来转换思维模式，快速将负面情绪转变为正面情绪。

---

① ［加］玛丽莲·阿特金森. 被赋能的高效对话[M]. 杨兰译. 北京：华夏出版社，2015 年.

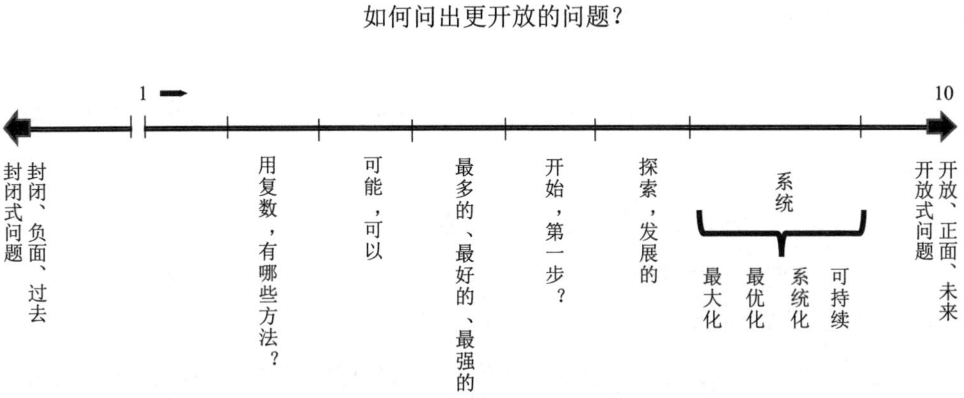

如何问出更开放的问题？

```
←———|————————————————————|———→
     1                     10
  封闭、  用  可  最  开  探  系  开放、
  负面、  复  能  多  始  索  统  正面、
  过去    数  ，  的  ，  ，    ┤  未来
  封闭式  ，  可  、  第  发  可 系 最 开放式
  问题    有  以  最  一  展  持 统 优 问题
          哪      好  步  的  续 化 化
          些      的  ？      、 、 、
          方      、              最
          法      最              大
          ？      强              化
                  的
```

图 2-1 开放式问题线模型

开放式问题线模型，呈现了提出开放式好问题的参考坐标，让我们可以快速完成从封闭、负面、过去导向的思维向开放、正面、未来导向的思维的转变。

开放式问题线模型是一个横向的坐标，左右各有一个箭头。

左边的箭头，指向的是封闭、负面，追究过去和原因。当我们思考停留在这里的时候，脑子想到的都是消极负面糟糕的信息。

右边的箭头，指向的是开放、积极、探索未来和可能。当我们思考停留在这里的时候，脑子想的都是积极正面美好的事情。

从左边到右边，就是从封闭、负面、过去的思维转向开放、正面、未来的思维。这个思维打开和转变的过程，从负数，到1分，再到10分，可以通过用提问引发思考的方式去实现。

笔记

开放式问题线模型可以归纳为"七步提问法":

0 负面 → 1 正面(封闭)→ 2 开放 → 3 复数 → 4 可能性 → 5 聚焦 → 6 动态 → 7 系统思考

从左到右,逐渐调整提问的方式,让问题达到最大的开放程度。

下面,我们以前面那位为高房价而焦虑的朋友为例,看看如何应用开放式问题线模型来完成思维转换。

假设问题的主人公是我,当我为房价上涨而焦虑的时候,我在内心问自己的问题可能是:

★ "好失败啊,为什么我连个房子都买不起啊?"

问自己这样一个负面的问题,整个人立刻就陷入焦虑甚至自责的情绪中。

对照开放式问题线,我们看到,这个问题在问题线坐标的最左端,指向过去,是典型的负面问题。

我们生活中的很多负面问题,本质都是这个问题的放大或缩小版。很多人陷入失落和迷惑中,往往就是被这样一类提问所困扰。这时候我们容易关注的是负面信息,"为什么……因为……"的表述,聚焦在原因和过去,是封闭的自责思维。

第一步,将负面问题调整为正面问题。

那我们如何用开放式问题线,让我们的思维乃至行动发生逆转性的改变呢?

负面描述或提问往往表达的是"我不想要的"。转化方法就是表达"我想要的",而非"我不想要的"。

我不想要"失败和买不起房",我想要"成功买得起房"。所以,问题就可以这样进行转化:

★ "有没有办法让我可以成功买得起房呢?"

这样,问题从负面转化为正面,变成了一个正面表述的问题。对比刚才的负面表述,这个问题的方向从向左变成了向右,到了提问线上 1 的位置——转化后的正向描述让人的能量指数一下子转入正能量阶段。

第二步，让问题由封闭式变成开放式。

在转化后的提问中，"有没有办法"是一个封闭式的提问，它只有二元的答案，会限制我们的思考空间。所以，我们需要让问题由封闭式变成开放式。具体方法就是采用"如何""还有哪些""怎么样"……这一类用来表达开放式的词汇。

对刚才的问题，我们可以这样转化，得到开放式的问题：

★ "我如何才能买得起房子呢？"

我们会发现，这时候，问题从之前关心自己的失败，变成了聚焦如何解决问题。

前面的两个步骤，第一步是进行正面转化，第二步是从封闭转化到开放。这非常值得我们反思。我们可以留意一下，自己平常有哪些关于负面的、封闭的表达习惯，比如：

为什么我做不到？

为什么这么难？

为什么总是被伤害？

……

自己去觉察、记录这些不好的思维习惯，做转化的刻意练习。

第三步，采用"复数"提问打开思维的空间。

具体的方法是：在提问中加入询问数量的词语，比如有哪些方法、哪些措施、哪些渠道……

★"我有哪些办法可以提升经济能力，买到房子？"

<u>第四步，用"可能性"提问打开发散思考的空间。</u>

具体的方法是：在描述中加入"可能""可以"这一类的词，让我们得到更多可能的、不设限的答案，比如：

★"有哪些方法，可能让我提升经济能力买到好房子？"

现在我们发现，经过以上步骤进行转化之后，提问越来越开放了。

<u>第五步，让问题聚焦。</u>

具体的方法是：加入"最多""最好""最强"等词语进行聚焦，让问题具有更大的能量。

★"哪个方法，可以让我最有效地提升经济能力，买到房子？"

开放后重新聚焦的问题，会带出来特别大的思考能量。

<u>第六步，在聚焦中加入动态的力量。</u>

给静态问题加上动态。使用动词，如"开始行动""持续改进""持续开展""不断创造"等词，目的就是使问题和行动结合起来。

★"我现在可以持续开展哪些最有效的行动，提升经济能力，买到房子？"

加入代表行动的词汇，将人的思考引导到如何行动上来，使提问变得更有指导行动的力量。

<u>第七步，让提问上升到系统思考。</u>

最后一步，通过系统思考，把提问的主题和时间、空间，以及身边的人结合起来。

★"我可以持续开展哪些最有效的行动，最大化提高我的经济能力，买到房子，给家人一个幸福的家？"

当我们的思考和家人联系在一起时，我们发现，这个问题已经带有强烈使命感的力量，提问的思维达到了接近10分的开放度。

通过前面的七个步骤，我们的问题完成了神奇的思维转化。从最开始的：

★ "好失败啊，为什么我连个房子都买不起啊？"

这个封闭、负面、追究过去原因的问题，转化为积极、富于使命感的成果导向问题：

★ "我可以持续开展哪些最有效的行动，最大化提高我的经济能力，买到房子，给家人一个幸福的家？"

通过开放式问题线坐标的七步提问，使问题发生了根本的变化。更重要的是，由于思维方式的变化，我们的能量、注意力都发生了巨大的变化。

总结

"问题线模型七步提问法:

0 负面→1 正面（封闭）→2 开放→3 复数→4 可能性→5 聚焦→6 动态→7 系统思考

第一步,将负面思维转化为正面思维。

第二步,让封闭式问题转化为开放式问题。

第三步,用"复数"提问打开思路。

第四步,用"可能性"提问打开提问的空间。

第五步,让提问的思维聚焦。

第六步,在聚焦中加入动态的力量。

第七步,让提问上升到系统思考。

这就是开放式问题线坐标。当我们陷入焦虑、失落等负能量的旋涡时,可以不断转化提问方式,让自己切换思维模式,打开内心,将负面思维转化为积极正面思考,快速远离焦虑,让自己正能量满满。

这是一个非常有效的提问模型,我们可以通过刻意练习,让自己养成积极正面思考的习惯,真正成为一个由内向外充满正能量的人。

拆为己用

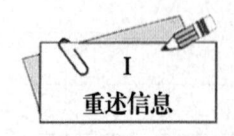

I 重述信息

请尝试用自己的语言来复述开放式问题线的应用步骤,并且用画图的方式,画出开放式问题线模型。

A1 反思经验

以下哪些问题项的描述是指向正面成果方向的：

A. 为什么我写作水平上不去？

B. 我如何可以成为幽默达人呢？

C. 有什么样的方法可以帮助我成为一位投资家？

D. 我为什么总是患得患失呢？

参考答案：C、E

A2 规划应用

参考下文给出的一些负面思维的问题案例进行对照反思，选择自己最常见的问题，用问题线七步提问法将其转化为开放的、有力量的提问。

为什么我上台总是容易紧张？

为什么我总是很容易情绪崩溃啊？

为什么我总是在选择的时候犹豫呢？

为什么我很难交到朋友呢？

为什么我的工作表现得不到老板的赏识呢？

03 苏格拉底式提问
——有人向你请教，你却不知道答案，怎么办

十来年前，出于一些考虑，我和妻子觉得移民去澳大利亚是不错的选择。当然，是否移民是很重大的决策，会影响人生走向。所以，我们也做了很多调研。

我们咨询了几个移民顾问，他们众口一词，摆事实讲道理，说现在是移民的最好时机。——但我觉得不能全信他们。就像你在任何时候去房产中介公司，经纪人都会跟你说现在是买（卖）房的最好时机。

我们咨询了一些移民的朋友，觉得他们应该能用亲身经历告诉我们怎么选择。可是没想到，有人把国外生活讲得像天堂，劝我们如果有可能办就赶紧办；有人却叹气说如果能重来一次，他绝对不会跑到国外去……

还有一些亲友，并不了解海外和移民的情况，但是听说我们的想法后，他们也热心地出主意，说什么的都有。

但你知道吗？最终对我们帮助最大，让我们下定决心的，居然是一位根本没有移民经验的朋友。他是一位基督教的牧师。当我和妻子跟他聊起，我们在为怎么选择而苦恼时，他没有提任何建议，只是问了一些问题。

那些问题促使我们思考，如果顺利移民之后会发生什么，我们需要考量的要素都有哪些，各自权重如何（比如，移民对养育孩子有利，但对孝敬父母有损，那么我们认为哪个更重要一些），以及我们真正的追求是什么，我们的快乐来自哪里……最终我们决定放弃移民的想法。

我非常感谢那位牧师。如果不是他促使我想清楚了什么最重要，我能确定的是，现在就不会有拆书帮。

在这件事情上，对我们帮助最大的人，其实并没有给我们建议，他自己也没有经验。他只是向我们提出了一些问题。

你有没有类似的经验，就是当你寻求他人的建议时，最终给你帮助最大的人，往往不是给你标准答案的人，而是启发你深入思考的人。前者的表现主要是表达，头头是道讲他的观点；后者的表现主要是提问，循循善诱促使你自己想明白。前者是聪明，后者是智慧。

如果要排一下古往今来最有智慧的人，不论谁来提名，前五名当中一定会有一个名字，叫苏格拉底。他的一种沟通技巧深入人心，几千年来人们都用"苏格拉底式提问"来描述这种沟通技巧。

我们看看苏格拉底的学生色诺芬，是怎样记录他的老师的提问的。

以下引自色诺芬的《回忆苏格拉底》第四卷第二章。

（在两千四百多年前的雅典，苏格拉底问他的学生尤苏戴莫斯，什么是正义。学生说不虚伪就是正义。）

苏格拉底说："如果他在作战期间欺骗敌人，怎么样呢？"

"这也是正义的。"尤苏戴莫斯回答。

"既然我们已经这样做了，我们就应该再给它画个分界线：这一类的事，做在敌人身上是正义的，但做在朋友身上，却是非正义的，对待朋友必须绝对忠诚坦白，你同意吗？"苏格拉底问。

"完全同意。"尤苏戴莫斯回答。

苏格拉底又问道:"如果一个将领看到他的军队士气消沉,就欺骗他们说,援军快要来了,因此,就制止了士气的消沉,我们应该把这种欺骗放在两边的哪一边呢?"

"我看应该放在正义的一边。"尤苏戴莫斯回答。

"又如一个孩子需要服药,却不肯服,父亲就骗他,把药当饭给他吃,而由于用了这欺骗的方法竟使儿子恢复了健康,这种欺骗的行为又应该放在哪一边呢?"

"我看这也应该放在同一边。"尤苏戴莫斯回答。

苏格拉底又问道:"你是说,就连对于朋友也不是在无论什么情况下都应该坦率行事的?"

"的确不是,"尤苏戴莫斯回答,"如果你准许,我宁愿收回我已经说过的话。"

注意到苏格拉底的做法了吗?提问,连续、深入地提问,不是为了说服对方,而是为了促使对方把问题思考得更深入、更全面。

★苏格拉底被尊崇为两千年来最伟大的哲学家。他的地位不在于他给了人们多么伟大的答案,而在于他多么善于提问题。

两千多年来,很多有智慧的人都从苏格拉底那里学会了这个技巧。

英国管理学家查尔斯·汉迪,在管理学界被公认是和彼得·德鲁克齐名的大师级人物。查尔斯·汉迪曾经在牛津大学读哲学。汉迪自己说,他从苏格拉底那里学到了提问的技巧。他说:"我们不提供建议,只是不停地问为什么。这很有助于人们澄清自己的观点。这是我从苏格拉底那儿学到的。"

提问也是一种咨询

有一家大企业的高管请汉迪去给他们做咨询，费用非常高。但没想到汉迪并不给他们什么建议，而是问了他们好多问题——

"你为什么采用这个战略？"

"因为它能给我们的投资带来最佳回报。"

"为什么你把投资回报当作最重要的标准？"

"因为投资者希望如此。"

"为什么投资者是你做决策的唯一考量？"

"因为商业就是这样？"

"为什么商业就是这样？"

……①

感受到了吗？在这里，查尔斯·汉迪不是提建议，而是提问题，促使他人自己把事情想清楚。

一方面，做到"苏格拉底式提问"很难，因为人的本能不是提问，而是表达。另一方面，做到"苏格拉底式提问"也容易，因为你不需要在那个课题上经验丰富、见解独到，你只要会巧妙地提问就好。

所以，再有朋友、同事来找你咨询建议，你也可以尝试使用苏格拉底式提问来帮助他。

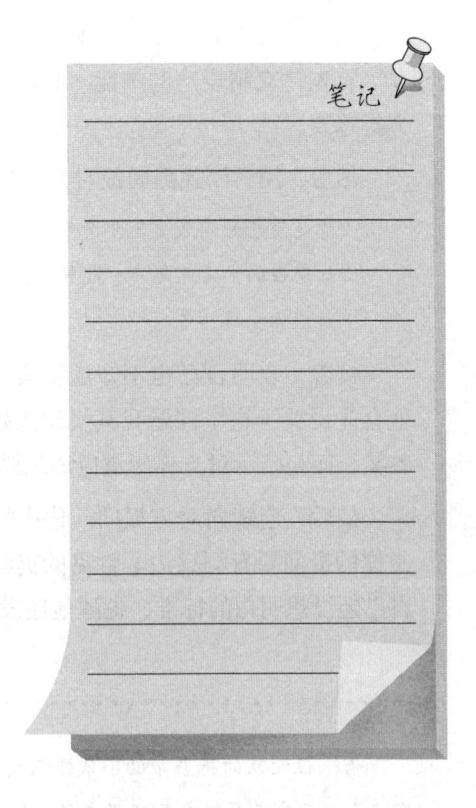

---

① ［英］查尔斯·汉迪. 思想者[M]. 闾佳译. 杭州：浙江人民出版社，2012年.

首先，克制表达的本能。起码在对话的前半段，不要说自己的观点，不要给对方提建议。

然后，用封闭式提问跟对方核对主题。比如：

"你是没想好到底要不要考研，对吗？"

"你现在的主要问题是：想转行，又不知道该怎么转？"

"所以你觉得，不原谅他吧，也不能就这么离了；原谅他吧，你又不甘心，是吗？"

接着，表明自己也不知道答案，但愿意陪着对方聊。苏格拉底就是这样做的。他会先说关于这个课题我其实没想好，所以我来请教你。如果不表明自己其实没有答案，而是暗示对方你知道应该怎样做，只是故意不说，那沟通的味道就不对了。

最后，连续向对方提问。你提的是开放式还是封闭式的问题并不重要，重要的是你的提问要有洞察力。常见的提问有这样一些方向：探究他背后的假设，探究他自己还没想明白的标准，提醒他还没有考虑到的情况，逼着他去发现细微之处。

··

有一位北京的拆书帮的小伙伴跟我说，他最近很苦恼，因为看不到出路，除非娶个"白富美"，不然是甭想在北京买房了。他爸妈劝他回老家，是个四线小城市。但真要回去，他又不甘心。他问我该怎么办。

我说："我知道你现在很难受，但我不知道该怎么办。"

我问他：

"你不甘心回老家的原因是什么？相比之下，你觉得老家没有而北京有的那些事物，你现在善加利用了吗？"

"你理想的未来是怎样的？如果那些目标都实现了会怎么样呢？"

"你要选择继续在北京打拼还是回老家，你都看重什么？收入、机会、朋友、家人、环境、子女教育、资讯……如果把这些排个序，你会怎样排？为什么这么排？"

"有没有人之前跟你有类似的情况，他们都是怎么选择的，他们对自己的选择有哪些满意的地方，哪些不满意的地方？"

"如果一切都不改变，未来五年的你可能在做什么？"

"如果你有机会跟五年前的自己说句话，你会说什么？"

……

那次我们聊了有一个多小时，其实主要都是他在说。我只是看着他的眼睛，问了这些问题。

他没有当时做出决定。他说很多问题他还没有想清楚。

三个星期后，他给我写了一封信，是手写的信。说他决定至少在北京多待三年，同时做一些改变：多参加一些正能量的社群活动，跟几位师友探讨自己的职业目标，有针对性地设计学习的计划。

他说谢谢我。

我说，你还可以谢谢苏格拉底。

....

不必有正确答案，也无须经验丰富，你也可以通过苏格拉底式提问促使对方自己想清楚。这样的沟通技巧会大大增加你在人际关系中的价值。

拆为己用

I 重述信息

用你自己的语言解释一下"苏格拉底式提问"。

提问力（笔记版）

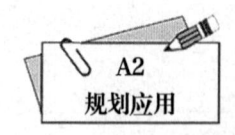

A2 规划应用

下面给出三种场景，请判断其中哪个适合用"苏格拉底式提问"。并考虑，在这种情境下，你怎样向他提问。

（1）女朋友说，双十一有一款很好的面膜打折呢，但是她现在的面膜还没有用完，你说是买还是不买呢？

（2）领导问你，项目总结报告什么时候可以交上来？

（3）表弟说，很犹豫是不是应该现在买房——房价已经跌了半年多了，如果现在买，后面继续跌怎么办？如果现在不买，后面涨得更买不起了怎么办？

参考答案：（3）

笔记

第二部分

人生窘境，怎样用提问来破

04 共情型问题
——如何让"受伤"的人感受到被理解

都说理解万岁,可见人们对被理解有着巨大的渴望。可在现实生活中,你也许有过类似这样的经历:你的朋友和情侣吵架了,口口声声说要分手,打电话和你倾诉;朋友在工作上遇到大麻烦——项目搞砸了,来找你求安慰。这时候,你特别想去帮朋友分担忧愁,可实际情况可能是,你想安慰对方,或者苦口婆心,说了很多良言,给了不少建议,甚至说笑话缓和气氛,但是结果却是爱莫能助,场面非常尴尬,甚至可能一不小心,你也被朋友的坏情绪所感染了。

在这样的情况下,如果我们熟悉共情型提问模型[①]的对话技巧,则不仅可以陪伴朋友从郁闷聊到开心,真正为他分担忧愁,甚至可以帮助他找到解决问题的方法,让"受伤"的他真正感觉到被理解。

共情型提问就是利用问题和对方建立共情关系,进入同频互动交流状态。共情型提问有四个要点。

第一,试新鞋。在对话前,不着急说话或给建议,而是先向自己提问,要运用同理心,转化视角看问题。

这里需要提到我们很多人存在的一个误区。同理心不是把自己代入对方的场景。不是问,这件事发生在我身上会如何?而是好奇地问:

这件事发生在他身上会如何?

站在他的角度,自己会看到什么?

他在想什么?他感觉如何?

---

① [美]弗兰克·赛思诺. 提问的力量[M]. 江宜芬译. 北京:中国友谊出版公司,2017年.

这样切换视角来提问，才能真正理解对方的感受。

第二，提问。提出宽泛性问题，让对方开口说话，邀请他们进入他们感到最安全、舒适的领域。

第三，聆听言外之意。提问之后，对方就会开口说出很多信息，这个时候需要聆听，听话里话外。话里——他都说了些什么？话外——他的语气、心情、表情、眼神、说话节奏等。聆听也是共情的重要部分，我们愿意听，就是对他最好的陪伴。

第四，适当的距离。要保持一定的距离，保持客观，才能避免和对方一样进入伤心、愤怒、冲动的状态。我们需要帮助朋友客观分析，在合适的情况下给出合理的建议。

共情型提问模型

第一步，向自己提出同理心问题，感受对方的心情。

第二步，向对方提出宽泛的问题，进入安全舒适的对话状态。

第三步，全心聆听，留意话里话外的信息。

第四步，保持距离，给出适当的建议。

在前面谈到的案例中,如果那位正在闹分手的朋友就在你面前,现在情绪十分低落,我们该如何通过共情对话,帮助她走出情绪低谷呢?

下面我们用共情型提问模型来做一次模拟对话。

第一步,向自己提出同理心问题,感受对方的心情。

问自己

情感危机对她来说意味着什么呢?她这么多愁善感,一定很痛苦吧。
她哭得这么伤心,能扛得住吗?她可能压力很大,情绪会崩溃啊!

换位思考后,我更加能理解她的感受,容易和她进入同频的对话状态。

第二步,向对方提出宽泛的问题,进入安全舒适的对话状态。

宽泛的问题

"你们之间发生了什么事情啊?"
(她可能抱怨或说生气的话,我就一直听;如果她愿意说话,可以继续问以下问题。)
"是什么让你这么难过?"
"你现在感觉怎么样?"

第三步,全心聆听,留意话里话外的信息。

聆听和陪伴

我会听她话里话外,她说了什么?我会点头默认,让她知道我一直在陪伴着她。
我会观察她的语气、心情、表情、说话节奏等。
我会说一些安慰和关心的话语,例如"这确实让人气愤……"

等她尽情表达之后，心情好些了，也比较清醒的时候，进入第四步。

<u>第四步，保持距离，给出适当的建议。</u>

适当的建议

"你现在的想法是什么啊？"
"下一步怎么打算呢？"（也可以建议性提问）
"需要我做点什么？"
"我可以做些什么？"
"我带你出去走走？"

当应用共情型提问模型进行沟通时，能够让朋友在安全、舒服的对话空间里进行交流，她会更加容易走出情绪低谷。

当应用共情型提问模型时，特别要注意的是，实际的对象不同，场景不同，需要我们灵活去应用。每个步骤不是固化的，要根据实际情况来提问和聆听。

如果对对方的情况不够了解，要少一些好奇，多一些关心，多一点聆听。

★如果需要给建议，要放在最后。如果对方只是想抱怨而已，可能不需要给任何建议，则我们只是聆听和反馈就好。

有时候，对方不想说任何话，那我们就一直在旁边安静地陪伴。

现在请各位伙伴回想一下，您有过哪些类似的安慰人的经历？对方可能是考试不理想、下岗失业、生意失败、遭受病痛、选择迷茫等。在你以往的做法中最容易忽略的共情要点是哪一点？如果采用共情型提问模型去进行陪伴和对话，哪些方面可以做得更好呢？

拆为己用

I 重述信息

用自己的话来阐述从书中获得的新知识，谈谈自己对于共情型提问关键要点的理解。

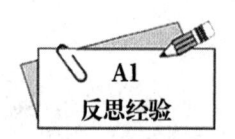

A1 反思经验

给自己的共情能力打分，从1分到10分，你的得分是多少？可以提升的地方在哪里？

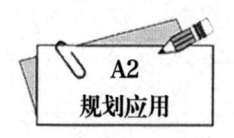

A2 规划应用

（1）一周之内，寻找一位身边需要陪伴的亲朋好友，采用共情型提问模型的技巧，完成一次共情谈话，并记录自己的收获。

（2）场景假设：你的一位老同学，在公司兢兢业业，因为大意搞砸了公司的一个大项目，在公司感觉很没面子。他约你陪他一起吃饭，在餐馆，你见他一副黑脸，他说准备主动辞职不干了。以下的对话提问，请判断是否符合共情对话的要点。

A. 问自己：这次项目搞砸对他来说意味着什么呢？他一直这么认真，这么重视荣誉，肯定很失落吧。

B. 问自己：如果我遇到这样的情况，我一定很崩溃。

C. 问自己：他脸色这么差，一定心理压力很大吧。

D. 问对方：你现在感觉如何？

E. 问对方：没什么大不了的，总会过去的，对不对？

F. 问对方：需要什么帮助吗？我可以为你做些什么呢？

参考答案：A、C、D、F

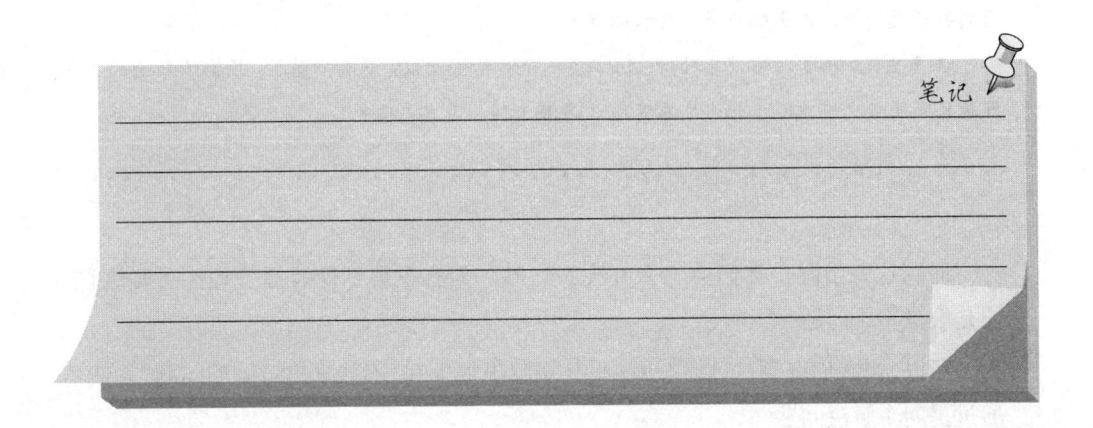

05 对抗性问题
——被忽悠或欺骗时，如何通过提问进行谈判

"忽悠"是一种社会常态现象，"忽悠"的招式可谓五花八门。我们被忽悠的时候，很多时候如秀才遇见兵，有理说不清。吵架不是文明优雅的做法，可难道只能暗暗吃亏吗？

....

朋友王先生在进行新房子装修时就被忽悠了。他找了专业的装修公司，本以为很放心的。可是有一天，去看装修情况时才发现，这家装修公司很黑心，不但使用了劣质材料，还对看不见的隐蔽工程偷减了工序。

王先生很气愤，找装修负责人对话。对方能说会道，频频吐出专业术语，基本结论就是：用的材料没问题，不影响质量，你放心就好。

王先生呢，感觉对方是在狡辩，但掌握不了对话主动权。不想吵崩了，怕影响后面的工程；可是又不能哑巴吃黄连，让自己家变成豆腐渣工程。怎么办呢？

....

遇到这种情况，你们会怎么办呢？大吵一架？投诉？换装修公司？可是这往往还是解决不了问题。

所以，当我们遇到这种情况时，与其对骂更加生气，不如拿出对抗型问题[1]做武器，通过提问来解决问题。

---

[1]［美］弗兰克·赛思诺. 提问的力量[M]. 江宜芬译. 北京：中国友谊出版公司，2017 年.

有时候，当发生冲突时，我们不需要同理心，但需要一个答案。这时候需要将问题摆到桌面上，索要正式的回答，并且表达出观点，比如："你的言行不被接受，你会被问责"。

那具体怎么做呢？遇到此类问题的时候，需要先识别风险，再了解目标，进而了解事实。然后，基于事实拟定问题，最后提出问题。全过程要注意聆听对方的借口或狡辩，及时提出质疑，掌握主动权。

对抗性问题是带有指责性的，有些像争论。但它和争论有以下不同。

首先，要完成风险识别，再进入对话，而不是即兴的责骂。

其次，对抗性问题是目标导向的。它是围绕希望实现的目标而发起的提问，是讲究策略的，而不是为了出一口气，或只是在气势上压倒对方。

第三，对抗性问题就事论事，是基于事实进行提问和澄清。对抗性问题不是用责骂、盛气凌人和人身攻击的言语来掌握主动权，而是用提问的智慧来达成目标。

我们知道，在沟通中，大声说话未必占据主动，使劲争吵更是无法取得尊重，所以，不如用提问来化解问题。

在实际的应用中，因为对抗性提问带有

一定的风险性，所以，进行问责的对抗性提问一定要识别环境风险和对象风险。如果问责容易造成场面失控，就不适用；如果提问的对象是父母、岳父母和长辈等，最好也不用。

★对抗性问题模型的对话，就是一套谈判沟通流程。

对抗性问题模型的描述有点抽象，核心要点可归纳如下。

在第一阶段做到"知己知彼"。要遵照十二个字方针：识别风险、确定目标、掌握事实。

在第二阶段要掌握对话主动权。需做到两点：针对性提问，批判性聆听。

对抗性问题模型的对话像是心理战，要先知己知彼，再发挥提问的威力。

> **对抗性问题模型**
>
> 第一步，对话前，首先识别风险，再进入对话。
> 第二步，确定目标，清楚自己想要什么。
> 第三步，掌握事实。
> 第四步，针对性发问。
> 第五步，批判性聆听。

下面，我们来看看，如何用对抗性提问模型与前面案例中的装修公司进行交涉，保证自己的权益。

<u>第一步，对话前，首先识别风险，再进入对话。</u>

想一想，这场对话有什么样的风险？如果对话结果失败，我和对方谈崩了，后

果是否可以接受。从评估来看，我不能接受豆腐渣工程，即使换装修公司导致影响完工日期，也是可以接受的。考虑到还有挽回的余地，所以，必须要进行问责对话。

<u>第二步，确定目标，我想要什么。</u>

目前，工程质量出了问题，我的对话目标是：要求对方更换合格的材料，并确保工程保质保量按期完成。清楚了目标，对话过程就不容易陷入谩骂和争吵。

<u>第三步，掌握事实。</u>

首先要了解房子装修材料的实际使用问题，知道标准应该是什么样的，为什么材料不合规，做到心中有数，说话有理有据。其次，还可以通过现场勘查和一般性提问获得相关的信息。

第一阶段做到知己知彼，非常重要。如果没有进行准备，直接进入对话，则很容易陷入针对对方责任心、态度等的批评，甚至容易上升到道德批判的层面去申诉和攻击，容易造成现场摩擦和暴力，陷入敌对状态。

好，做到了知己知彼，接下来，就可以开始利用提问和倾听的武器啦。

<u>第四步，针对性发问。</u>

具体怎么问问题呢？围绕解决问题的目标，我会从原因、现状、过程、后果、责任等方面进行针对性提问。

问原因：你们为什么使用这种材料？为什么减少这个工序？

问现状：装修使用了多少这种问题材料？减少工序形成的缺陷是什么？

问过程：材料从哪里进货的？安装过程有什么不同？过程质量控制是如何做的？

问后果：使用这种不合格材料，我请第三方验收能通过吗？使用这种材料，会造成什么样的安全隐患问题？

问责任：谁对这个工序负责？最后工程验收，如果不合格，你们该如何承担责任？

第五步，批判性聆听。

对话过程要注意批判性聆听，识别对方的逻辑漏洞和大话套话，发现证据中的问题，进行各个击破。可以适当打断对方的话，重申自己的要求，掌握主动权。

（1）对方说这种材料质量也是可以的——我会问："什么叫'质量也是可以的'？这是很勉强的说法，你能给我"质量也是可以的"的权威证明吗？"

（2）对方忽悠你说，现在这个材料很流行，是很好的选择——我会反问："我不追求流行，我要的是质量合格的材料，为什么不采用之前约定的材料？"

（3）对方如果还说没有多大的隐患，差距不大——我会追问："那你说说这个隐患有多大？差距在哪里？"

就这样，秀才遇到兵也不用担心。通过五个步骤，掌握对话主动权，不断围绕对话目标，问关键信息，问细节信息，一步一步通过提问逼近事实的真相。让对方清楚责任，知道要承担的后果，最终完成对抗性提问的谈判对话。

人们在被忽悠、被欺骗的时候，容易被激怒，往往更加容易陷入争吵、谴责、愤怒的状态，而失去了真正的对话空间。比如我们时常听到的，由于小孩争吵导致大人打架受伤的事件。由于一些小的争吵而大打出手的事件也时有发生。所以，在遇到这类问题时，先要冷静下来，并对照对抗性问题模型进行对话。

这就是我们在破解应对"忽悠"、保护个人权益时可以用到的对抗性问题模型，通过案例分享，你想到自己曾经经历过哪些类似的对话吗？

拆为己用

I 重述信息

请用自己的话阐述对抗性问题的使用范围及关键步骤。

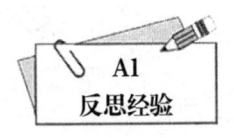

A1 反思经验

你过去曾经经历过哪些被"忽悠"的事件，回想一下，当时自己的沟通方式存在哪些问题？

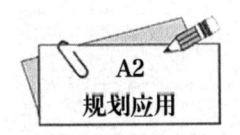

A2 规划应用

假设一个事件场景：你在市场上刚买了件精致的文房四宝套装准备送朋友。还没到家就发现，并反复确认了，对方是把有缺陷的产品给了你。你回去和卖家沟通，但是对方想抵赖。为了达到退货、买到正品的目标，你会向卖家提出哪些对抗性问题呢？

请看看下面这些问题，哪些最符合对抗性提问的要求。

A. 你卖的货材质有问题，成色不均匀，你怎么解释？

B. 你们明明给了我有问题的货，还想狡辩啊？

C. 我收到货物的时候，就发现它有点开裂了，你们对这样的情况是怎么处理的？

D. 你可以给我分析一下，如何鉴别正品和次品吗？

E. 哪有你这样做生意的，完全不考虑顾客的利益吗？

F. 我需要了解你们对缺陷物品是如何处理的？

G. 你们这样做，是不想做长久的生意吧？

参考答案：A、C、D、F

06 焦点讨论法
——一场有质量的聚会，是这样做的

到了周末，有不少小伙伴参加各种聚会。说起聚会，大家内心多少有些无奈：不参加吧，可能会错过一些机会；参加吧，又可能浪费了自己的时间。张霞上周去参加的大学同学聚会就是这样的，大家吃饭、喝酒、唱歌、打牌，玩了一个下午加一个晚上。偶尔一次这样还好，要是经常这样，真没意思。还有公司的一些团队建设活动也是如此，好一点的，大家一起做拓展活动或者旅游；更简单的，就是一起吃个饭、聊个天。虽然联络了感情，但在现在竞争如此激烈的环境中，花两三个小时甚至一整天只做这些事情，获得感还是很不够。

怎样把活动办得有质量又有意义？可以使用焦点讨论法（ORID）[1]这一提问工具。通过提问，让参与者在主持人的引导下，共同深思相同的问题，让活动有张有弛。

---

[1] ［加］R·布莱恩·斯坦菲尔德. 学问[M]. 钟琮贸译. 北京：电子工业出版社，2016年.

焦点讨论法，包含以下四个层次的问题。

（1）客观性层次（The Objective Level）。这个层次的问题问的是谈话背景中的各种事实。

（2）反应性层次（The Reflective Level）。这个层次的问题能够唤起人们面对客观事实时立即出现的情绪、感觉以及客观事实所带来的联想。

（3）诠释性层次（The Interpretive Level）。这个层次的问题帮助寻找客观事实带来的意义、价值、重要性，以及探寻具体的行动策略。

（4）决定性层次（The Decisional Level）。这个层次的问题想要找出决议，给对话画上句号，促使讨论者形成决定、采取行动。

我们先用一个例子来解释焦点讨论法的四个层次。

（背景）：白天，幼儿园老师带领琳琳参观了消防大队。晚上，妈妈和琳琳聊参观的事情。

妈妈："今天去消防大队看到了什么？"（客观性层次）

琳琳："看到了红色房子，还看了叔叔们住的地方，吃饭的地方。"

妈妈："有你觉得特别有意思的事情吗？"（反应性层次）

琳琳："有呀，叔叔们床上的被子都叠成了豆腐块。"

妈妈："为什么老师带你们去参观消防大队？"（诠释性层次）

琳琳："老师想让我们自己做家务。"

妈妈："那你以后怎么办呢？（决定性层次）"

琳琳："妈妈，明天早上起床后，我自己叠被子。"

从这个例子中，我们看到ORID四个层次的提问遵循了人类思考的自然心理过程，即：

★感知信息—内在反应—判断思考—做出决定。

焦点讨论法提问，不仅可促进妈妈和孩子之间的交流，还适用于工作会议、解决难题、各种聚会……这里，我们选择张霞的同学聚会场景来说明。

运用这一方法时，首先要围绕聚会设计现场提问的问题，然后带着设计好的问题到现场实施。

用焦点讨论法做聚会设计

现场交流活动有三个环节的内容：开场白、提问交流、结束语。

这里要注意，每个活动都是量身定做的，均需要提前设计好，才能开启一场高质量的对话活动。

设计内容一：开场白

每次活动都需要说开场白，目的是给参加者营造安全感，并让大家知道要做什么，怎么做。

开场白的内容来自理性目的和感性目的。梳理这两个目的时，要问自己，"想要做一个什么样的聚会？"例如："请分享出自己觉得有意义的事情，这些事情对大家能有启发。"这就是理性目的。

在这次沙龙活动中，张霞不希望聚会停留在浮浅层面，所以她的理性目的是：

★期待参加者在彼此的经历分享中，可以收获到对人生有意义的事情，并从中学习。

围绕着理性目的，我们会设计四个层次的问题。问题的陈述方式及内容会影响参加者的感受，这就是感性目的。比如，提问者如果问"你为什么没有找到工作？"这个问题，就会给参加者传递一种不太愉快的压力。

张霞期待的是感情延续，所以活动的感性目的是：

★为所有参加者营造愉快的氛围。

设计内容二：提问交流环节

客观性层次问题

客观性是指数据、事实，是外在的现实。

客观性层次问题

"你在哪里工作？"

"工作内容是什么？"

"在过去的一年中，你可以立即想到的一件事情是什么？"

这些就是聚焦客观事实的问题。

在聚会中，我们还有可能问到一些与宴会、活动相关的信息，也属于客观性层次问题。比如：

"今天我们一起做哪些活动？"

"今天的食物有哪些？"

要注意，客观性层次的提问，问句中不能夹杂自己的判断，或者跳到其他层次。比如，

"这件事情是不应该发生的，对吗？"

这个问题中加入了主观判断。

"这件事情为什么从这个时候开始？"

这个问题在寻找原因，属于诠释性层次。

反应性层次问题

这个层次的问题，目的是让参与者与聚会的主题、现场的小伙伴们建立起关系。所以，提出的问题通常与感受、心情、回忆或联想有关。可以将"喜欢""愤怒""兴奋""迷惑""害怕"这些词汇加到问句中。

反应性层次问题

"这件事情让你有什么感受？"
"什么时候让你感到惊讶？"
"什么让你感到喜悦？"
"是什么让你印象如此深刻？"

我们问这个层次的问题时，有时会遇到现场的小伙伴无法回答的尴尬情况。这并不一定是你问错了问题，而是因为我们的成长环境常常没有机会让我们表达自己的情绪，久而久之，情绪的表达就被忽略了。所以在设计这个层次的问题时，需要准备一些例子给大家做示范。

要注意回答的内容是否属于反应性层次。比如，

问："这件事情让你有什么感受？"

回答："这件事情让我决定以后不再私下传话了"。

参加者回答的是决定性层次的问题。

"这件事情让我后悔。"

这才是对反应性层次问题的回应。

<u>诠释性层次问题</u>

这个层次的提问，是我们期待的高质量聚会的关键环节。在这一轮，所有的问题都是围绕着前两轮获得的信息进行探讨。

> **诠释性层次问题**
>
> "领导为什么这么做？"
> "他的话有什么意义？"
> "这件事会给我们的生活带来什么影响？"
> "这个故事对你有什么启发？"

这个层次的问题也是日常沟通交流中大家比较容易进入的，但有时候这些问题会让大家陷入沉思，难以快速响应。所以在设计时，需要提醒自己："在这里，我需要等待大家的回答，不要着急。"

<u>决定性层次问题</u>

在这个层次提出的问题，要让大家能运用前三个层次的资料做出决定。这个决定可能是短期或长远的决定，也可能涉及行动或承诺。

决定性层次问题

"在接下来的一周,你将怎样做来提高你的工作质量?"

"我们给今天分享的活动取个什么响亮的名字呢?"

在生活中,如果请聚会现场的参加者回答这样的问题,则会把聚会弄得像工作一样,也会让人觉得别扭。最好的做法是,请参加者给前一轮讨论中的重要信息赋予一个名字,以此来完成这个环节,这样既能让大家记住交流活动的主题,又能从侧面看到参与者的决定。

设计内容三 结束语

在这个环节,对整个沟通做一个收尾。收尾的内容主要为感谢的话语。切记,此时要管住自己的嘴,避免啰唆一大段,冲淡了前面的内容,画蛇添足。

到这里,张霞完成了沙龙聚会沟通前的提前设计,她设计的完整的活动内容如下。

开场白

"三个月前我们曾经相聚，今天大家又聚到了一起。在这三个月中大家都经历了很多事情，有开心的、有令人失落的，有成长、有挫折。期待大家分享出来，一起探讨每一件事情对我们的影响。现在，我先抛砖引玉，问大家一个问题，大家一起来聊聊。"

提问交流环节

客观性层次问题：在过去的三个月里发生的，现在立即可以回想起来的事情，有哪些？

反应性层次问题：是什么让你对这件事印象如此深刻呢？当时是什么样的心情？

诠释性层次问题：在这件事情之后，你有什么不一样？你听到小伙伴们分享的事情，给你带来的启发是什么？

决定性层次问题：你希望给今天分享的故事取个什么响亮的名字，使之成为我们以后沟通中的暗号呢？

结束语

谢谢大家的积极参与，我们对工作中经历的点点滴滴进行了探讨，对工作、对人生有了更多的理解。谢谢各位！

总结

如何用焦点讨论法做一次高质量的聚会活动？

首先设计出活动现场三个阶段的引导内容，然后围绕这些内容在现场进行实施。

（1）开场白。注意区分理性目的和感性目的。

（2）提问交流环节。分别从客观性层次、反应性层次、诠释性层次、决定性层次四个方面来设计问题。

（3）结束语。用"感谢大家的积极参与分享"等话语进行简单的收尾。

焦点讨论法这一提问工具非常适合群体聚会的沟通，运用它可以让聚会产生更有意义的效果。

拆为己用

I 重述信息

运用焦点讨论法时，你怎么理解其中的反应层次问题。

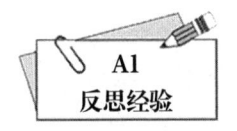

A1 反思经验

在过去的半年内，你参加的哪一次聚会活动让你印象深刻？请写出活动内容，说明是什么让你印象深刻。

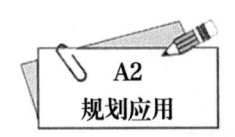

A2 规划应用

你计划和同事下一个周末参加一次真人CS（真人模仿战争竞技游戏）。假如活动结束后，大家都非常兴奋，你期待大家趁着兴奋可以聊得更深入一些，将这次活动的独特性显现出来。运用焦点讨论法设计一下活动后聚会时引导讨论的问题。

附：张霞的同学聚会案例

张霞在周末组织了27位高中同学聚会，计划在大家寒暄后一起交流。为让大家在享受美食之前有深入的交流，张霞特地选择了一个环境比较好的咖啡吧的包间。

••

同学们进入房间围着桌子坐下，大家简单寒暄后，张霞走到主持人的位置，说："三个月前我们聚会过，今天我们又聚到了一起。这三个月中大家都经历了很多事情，有开心的、有令人失落的、有成长、有挫折。每一件事情都是我们每个人的独特经历，对我们的人生有着不同的含义。我们可以讲讲自己最想讲的故事，大家在倾听和了解彼此的同时，可以从中受益。"

••

在得到同学们的回应后，张霞抛出了**客观性层次问题**：

"从毕业到现在，你现在立即可以回想起来的事情，有哪些？"

小伙伴们纷纷回答：

"我当初离开学校后，去5家企业做了面试，最后去了一家互联网公司。"

"我的第一位上司给我说凡事在向上司汇报时，要想一想汇报的目标是什么，有哪些证据可以作为支撑，有哪些数据可以呈现。"

"我们公司最近的闯关学习活动。"

这一轮，大家都脱口而出了自己马上可以想起来的事情。

接下来，**张霞**问了一个反应性层次问题：

"是什么让你对这件事印象如此深刻呢？当时是什么样的心情？"

小伙伴们接着分享：

"我第一年就拿了优秀员工奖（反应性层次）。我特别自豪，因为我是那年入职的唯一一个拿到这个奖项的新员工。"

"老板那样给我提醒，让我看到老板真正想教人，她对我的好让我感动和信任她。"

有同学在听到这里时说：

"我也好想有这样一个老板，下次换工作时一定要寻一个。"

此时张霞指出这个内容是决定性层次的问题，留到后面再说，张霞的干预及时将大家的发言拉回到反应性层次。

接着，张霞抛出了**诠释性层次的第一个问题**：

"在这件事情之后，你有什么不一样？"

大家经过短暂的思考后，有的说：

"一个有影响力的上司，是时时刻刻为自己的下属、周边的同事做榜样，给予帮助、指点，这让我看到其实一个人要想成为别人欣赏的人，同样需要这样做。"

也有人说："闯关游戏让我看到其实我不喜欢平淡的生活，喜欢有压力，喜欢时刻能够将自己做事情的结果呈现出来。这一点，促使我做每一个工作任务时都时时刻刻给自己制造压力。"

同学们纷纷抢着发言，讲述自己的变化，张霞在大家讲述了30分钟后叫停。然后，她抛出了**诠释性层次的第二个问题**：

"这件事情，给你的人生带来了什么意义呢？"

同学王明华说："闯关游戏改变了我的人生，让我从拖延、懒惰中走了出来，看到自己其实还是很有潜力，可以实现自己当总经理的梦想。"

现场的小伙伴都笑坏了。因为在高中时，王明华的懒惰是出了名的，曾经被班主任老师从被窝中揪出来上课、作业明明会做可宁

愿被罚也不写。

最后，张霞说：

"那么大家给今天分享的故事分别取个响亮的名字吧，这可以成为我们以后沟通中的暗号呢！"

大家经过一番讨论后，决定给闯关的故事取名为"闯关人生"。现场的名字还有"老板的信任""皇冠"……

活动进行了1个小时，大家都意犹未尽。为了不影响就餐时间，张霞对大家说：

"感谢所有同学的积极参与，我们对刚刚参加工作经历的点点滴滴进行了探讨，对工作、对人生有了更多的理解，也从中获得了激励。谢谢各位！"

聚会中的沟通环节圆满结束了。在接下来的吃吃喝喝中，同学们还接着就自己感兴趣的事情，三三两两追问和谈论着。看着同学们开心且满足的笑容，张霞觉得特别享受，心里给自己定了下一次召集大家聚会的时间。

07 XYZ 法则
——如何化解父母逼婚

每次长假前后,都会有好多年轻人头疼父母逼婚的问题。在拆书帮的一次活动中,就有一位小伙伴讲,她现在对回家态度是三分恐惧,七分生气。

这位小伙伴说,大概是从参加工作三四年后,每次跟父母沟通,话题都会被扯到"什么时候找对象"上去。最开始是父母随口说说,她随口敷衍;后来变成父母追问进展,她不胜其烦;再后来就是变着各种花样提醒她,再不找对象就嫁不出去了,同事谁谁家的孩子都快生老二了,今年过年一定要带男朋友回来呀……最近一次,她和父母吵了起来,因为她老爸说了一句"哪怕你结了婚就离,也得赶快找一个人嫁了。"她流着泪说,感觉不到父母的爱,更谈不上尊重,好像自己不结婚就是家里的耻辱一样。

其他小伙伴给她出主意,有的说:

"你要占据主动啊!你这样,回到家先跟爸妈哭诉:

'爸,我还没有男朋友,我可怎么办呀!

我感觉现在上班没意思、吃饭没意思、活着都没意思啦！我要是一辈子都嫁不出去该怎么办呀！"

我知道有好多人为逼婚的事跟父母起冲突，但不知道真这样"占据主动"的话，效果会怎么样。估计是治标不治本，说不定还引火上身，惹得老爸老妈使尽了浑身解数求人给你介绍、安排相亲。如果你在相亲后的表现不能让他们满意，则会带来更大的冲突。

在人际关系中有了冲突，通常意味着至少有一方，对对方有不满、有抱怨、有意见，觉得对方没有达到自己期待、没有做到该做的事情，或者做了不该做的事情。我们每个人都会遇到冲突，有时候我们是发起者，有时候别人发起我们回应。所以，任何冲突都有两个角色，一个角色叫发起者，一个角色叫回应者。

在刚才的情境中，父母是冲突的发起者，被逼婚的"我"是回应者。再考虑一个情境：

在公司里，你主持了一个大型活动。活动中，你之前反复确认过的物料居然还是没有及时送到，导致活动没有达到预期效果。你打电话问负责物料的同事，他说，他也没想到呀，不是他能控制的呀……你愤怒了，责骂那位同事能力差、态度差、责任感差。他反击说："你作为项目负责人，怎么没想到再早一点提需求……"

在这个情境中，谁是冲突发起者？是你。而你的同事是回应者。

我们每个人都有冲突模式和应对模式，比如刚才小伙伴建议的"占据主动"。更多的时候，作为发起者，要么愤怒表达、要么隐忍腹诽；作为回应者，常常觉得冤枉，自卫反击——"我没错，你才错了呢！一直都是你错了！"

这样的效果怎么样？当然不怎么样。

人际关系沟通对冲突的研究发现，在冲突中，有效的沟通都有类似的模式，而无效的沟通则有各种各样的表现。

有效的沟通模式：回应者的最好做法是"探究性提问"，发起者的最好做法是"XYZ表达法"。

没有受过沟通训练的人（例如逼婚的父母），通常表达意见和批评的时候，会有很多宽泛的指责（"你只顾着自己玩得开心，就找对象不上心，你怎么就不替我们老人考虑一下呀！"），会发表很多评价性的观点（"你找不着合适的，是因为你要求太高了"），会更多地纠缠动机和原因（"你就是玩疯了不想过日子！我看你就是为了气我们！"）。

注意，当冲突一方侧重于宽泛的指责、评价性的观点、动机和原因时，都会引发另一方的自我防御反应。什么叫自我防御呢？就是你感觉到被攻击了，你的本能反应就是防御和反击："我没错、你才错了呢！"于是，他攻击，你防御；他再攻击，你开始反击。冲突逐步升级，这个结越来越死，就没法解开了。

那怎么办呢？最好批评者能做到不是宽泛的指责，而是具体的建议；不是评价性的观点，而是描述性的事实；不是纠缠动机或原因，而是着眼于下一步如何行动、跟你一起讨论希望达到什么样的结果。但是，现实中哪里有这样的好事！

★你控制不了来批评你、指责你的人怎么表达。

★你能控制什么？你能控制你自己。

这时候你要把关注点放到提问上。通过你的提问，把对方宽泛的指责转换成具体的建议；通过你的提问，把对方评价性的观点转换成描述性的事实。通过你的提问，把对方对动机或原因的纠缠，转换成对行动或结果的关注。

> **如何应对父母逼婚**
>
> 父母（指责导向）："你只顾着自己玩得开心，就找对象不上心，你怎么就不替我们老人考虑一下呀！"
> 你（建议导向）："你们希望我怎么做，就是替你们考虑了？"
> 父母（评价导向）："你找不着合适的，是因为你要求太高了。"
> 你（描述导向）："你们对未来女婿的要求都有什么？"
> 父母（动机导向）："你就是玩疯了，不想过日子！我看你就是为了气我们！"
> 此时，你不要反问（动机导向）："我气你们干吗呀？我怎么就不想过日子了？"
> 你问（结果导向）："你们希望我多长时间以后结婚？好，就算一年。那为了实现一年后结婚的目标，我们应该具体做什么呢？"

总之，通过你的提问，将对方的注意力从消极转向积极、从过去转到未来，这样讨论就会有重要的转变。很可能冲突还没有起来，就平复下去了。

★遇到指责要提问，不仅仅是一个说话技巧。

尝试过之后你会发现，通过改变方向的提问，不仅来势汹汹的对方会平静下来就事论事，而且自己内心的防御反击的念头也在逐渐消融，然后有可能认识到自己真有考虑不周或行动不妥之处。若能如此，当下来说，你和对方解决了分歧；长期来看，你自己收获了成长。

这是当对方是发起者，你是回应者的情况。那么，如果你是发起者呢？像第二个案例一样，如果是你对同事有意见、有抱怨，你最好怎么办呢？

在心理学和管理学中，有一个被广泛推崇的表达模型，叫作"XYZ表达法"。

★ XYZ 表达法这样描述我的问题：当你做 X 时，导致了结果 Y，而我的感觉是 Z。①

> **XYZ 表达法**
>
> 第一，描述给你带来问题的具体行为（X），避免匆忙给出评价性的指责。
>
> 第二，列出这些行为导致的详细的、可见的后果（Y）。简单明白地告诉对方，其行为给你带来的问题。
>
> 第三，描述你对问题结果的感受（Z）。重要的是，不仅要使对方了解哪些行为妨碍了你，而且要解释对方的行为带给你的挫折、愤怒或不安全等感受。

就是说，如果你是发起者，用 XYZ 表达法就可以避免宽泛的观点、评价性的指责，以及对动机和原因的批评。

例如，用 XYZ 表达法与同事沟通。

由于物料没有及时送到，你对负责物料的同事说：

"虽然我提醒了你两遍，你还是没有及时跟进供应商（X，对方的行为），导致活动中这么重要的物料没有及时送到，整个活动节奏全乱

---

① [美] 大卫·A. 惠顿，金·S. 卡梅伦. 管理技能开发[M]. 庄孟升，等译. 北京：清华大学出版社，2016 年.

套了，完全没有达到预期效果（Y，对方行为造成的结果），我又急又气（Z，我的感受）！"

··

注意，说到这里就可以了，再多说就是画蛇添足。比如，你如果说"我又急又气，怎么会有你这么不负责任的人"，这就是宽泛的指责了，反而达不到你期待的效果。

总结

如果对方是冲突的发起者（指责你、批评你），像父母逼婚的情景，那作为回应者你最好用"探究性提问"；而如果你对别人有意见，你是冲突的发起者，那么你最好用"XYZ表达法"。

拆为己用

I 重述信息

把XYZ表达法这个方法，讲给你最亲密的人（伴侣或者男女朋友）。他/她是否能学会不重要，重要的是你通过讲解对这个方法会更熟悉，从而更有可能用上。

A1 反思经验

你有没有对某位家人或同事有一些不满的事情？也许不太严重，你也许没有表达过，但你的不满仍然存在。请想一两件这样的事，然后尝试写出XYZ（注意：只是让你写下来，进行练习哦！）。

A2 规划应用

老公在家玩游戏，突然妻子过来说，"你就玩吧！这么大男人了还只知道玩！自甘堕落！不思进取！"

老公较好的回应方式是：

A. 你说说我怎么自甘堕落了？

B. 难道你就不是不思进取了吗？

C. 我每天工作累得像狗一样，回家放松一下怎么啦？

D. 放下游戏手柄，问妻子"你觉得我应该干些什么比较好呢？如果能做到的话，能达到什么效果？"

参考答案：D

08 不忘初心的四个基本问题
——闺蜜迷失了自己，如何帮她找回初心

著名的诗人纪伯伦曾说过："我们已经走得太远，以至于忘记了为什么出发。"

不忘初心，努力坚持。可是有多少人真正认真思索过——为什么初心容易被忘掉？我们的初心是什么？我们又该如何找回初心呢？

假如你的好闺蜜失恋了，整天郁郁寡欢，面无笑容，在情感道路上给自己立了一堵墙。或许你和她讲很多大道理，她要么难过哭泣，要么说她都懂，可是，她就是不愿意走出自己的世界。作为好朋友，你想全力去支持她，却爱莫能助。

到底怎样才能支持她，让她找回自己的初心，重新出发呢？

我们接下来探讨和学习的四个基本问题模型[①]，是一种非常重要的提问模型。通过四个基本问题模型，我们可以陪伴他人开展一段转化式对话，也可以进行自问自答的对话，让我们真正找回初心，活出自己想要的状态。

不论是长期计划，还是短期计划，都可分为四个关键阶段，分别为：激励、实施、价值整合、完成和满意，如图8-1所示。

我们可以通过四个基本问题模型，将这四个阶段连接起来，帮助人们围绕着这些阶段的成就，来建立愿景。这些计划性的问题将对话聚焦起来，向着个人在每个阶段想要的结果前进。

---

① [加] 玛丽莲·阿特金森. 被赋能的高效对话[M]. 杨兰译. 北京：华夏出版社，2015年.

四象限与四个基本问题模型

你想要什么？为什么它很重要？

你如何得到？

你如何兑现自己的承诺？

你如何知道自己已经得到了？

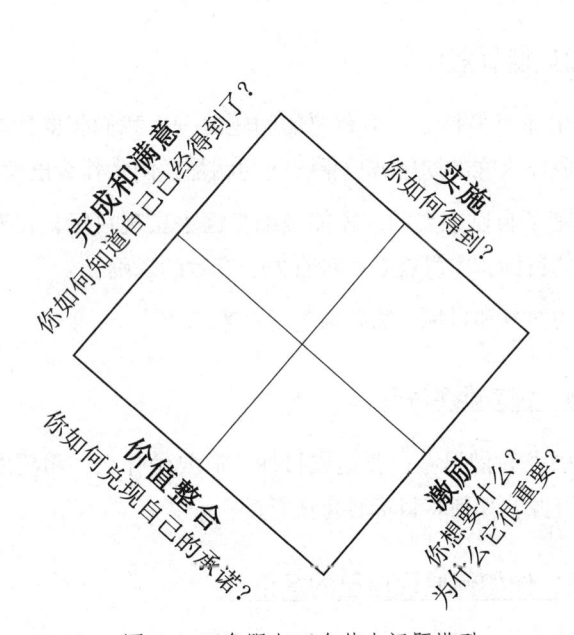

图 8-1 四象限与四个基本问题模型

人们在被烦恼的事情困扰的时候，心里想的往往是负面的信息，想到的总是"我不想要的""我不行"，等等，容易陷入灰色的情绪中，很难看到，也很难相信另一面有着灿烂的阳光。

这个时候，我们需要用四个基本问题来转化思维，引导自己重新思考曾经期待的美好愿景和目标（初心）。

四个基本问题的提问步骤如下。

第一个问题：你想要什么？

这是每个人生命里最核心、最重要的问题之一。我们想要什么样的人生，我们做一件事想要达成什么样的期望或成果，问的就是我们为什么出发的初心。

一个人弄清楚了自己想要的，才能激励自己去实现目标，在遇到困难时才能够坚持下去。明确的目标，本身就是一种有力、有效的激励。

明确了最初的愿景和目标，需要通过行动来达成。

第二个问题：你如何得到？

这个问题，引发我们思考：要达成目标，需要做什么？需要发展哪些能力、哪些技能？找什么资源？如何将目标转化成行动？

第三个问题：你如何兑现自己的承诺？

明确了行动计划后，如何更大地发挥能量？这个问题召唤你去深入思考。你对梦想有多大的承诺？你怎样有效地推进计划的行动？遇到困难和障碍，如何根据新的情况调整计划和方案？

第三阶段的问题让目标和价值更加清晰，行动更加有力。

第四个问题：如何知道自己已经得到了？

这是最后一个的问题，它让我们去思考我们的目标是否足够明确，是否可以落地。

很多时候我们制定的目标很宏大，行动计划很复杂，但是往往因为最后一个问题是模糊的，所以最终无法知道自己是否真的做到了。比如有"努力焦虑症"的人，就是不断努力再努力，让努力变成了追求的目标，而忽略了努力所要达成的目标。

通过这四个基本问题,我们依次完成"目标探索——如何明确计划——确保计划执行——验证目标达成"的过程。

假如现在,前面提到的那位闺蜜又和你聚在一起。她失恋后,从此不再相信真爱。当聊天谈到这个尴尬的话题时,她一下子就让自己封闭起来,拒绝一切建议,拒绝想象美好的未来。

我们来尝试应用四个基本问题模型来提问,帮助她转变心态,打开心扉,找回初心。

第一步,用转化式的提问打开她的心扉。

如果她还处在自我封闭的状态,那么可以引导她谈论宽泛一点的话题,比如关于兴趣、关于旅游等。

接着和她聊一些开放的问题,比如:

"你想要的肯定不是孤独终老。你未来想要的是什么样的生活?"

"在爱情这个事情上,你真正想要的是什么呢?"

这是探索性的问题,最容易打开她的心扉。

通过这样的方式,慢慢引导她去想象未来美好生活的样子。

在第一个问题交流到一定程度之后,她对未来重新有了向往,接下来就可以问她和行动计划相关的问题。

第二步，询问对方接下来可以做哪些事情。

通过这样的询问，她会想到一些特别愿意去做的事情。引导她、鼓励她走出封闭自我的生活圈，例如去参加朋友聚会、学习沙龙等。

当她开始有行动的想法时，还容易被各种因素干扰，或者自己的内心不够坚定。此时，继续通过第三个问题来加强认同，强化理念。

第三步，询问对方如何保证自己可以做到呢？

可以问：

"你觉得做到第二步设想的事情后，会带来哪些有意义的收获？"

这时候，她展开了想象，她会更加清楚、更加明确自己对目标的激情和愿望，她可能会说很多。如果在这一步足够坚定，那么她在思想上也就完全走出自己的封闭圈啦。

第四步，验证一下她对期望目标的清晰度。

可以这样提问：

"希望一切如你所愿。那你怎样知道这个期望已经达到了？"

如果她能够清晰地描述期望的目标，那就说明这个目标已经在她心里有着坚定的信念，这会更好地支持她向前走。

我们完成了一次完整的找回初心的对话之旅。也许你会发现，四个基本问题模型，不仅仅适用于和朋友开展对话，也特别适合和自己进行对话。

如果我们在前进的道路上忽然感到迷茫，或者当人生中面临一些挑战时，那么不妨尝试用这四个问题来问一问自己：当初为什么要出发？经常和自己的初心对话，真正不忘初心，以终为始（想清楚自己的目标，并努力去实现）。

拆为己用

I 重述信息

请用自己的话阐述四个基本问题模型的应用逻辑。

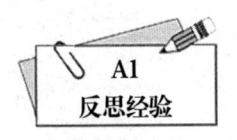

A1 反思经验

在以下选择题中，选出寻找初心的最佳问题（单选）：

A. 我可以做些什么？
B. 我真正想要的是什么？
C. 这个问题会带给我什么收获？
D. 我得到的经验是什么？

参考答案：B

A2 规划应用

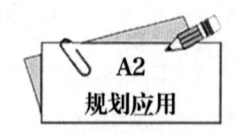

反思自己最近难以坚持或迷茫的一件事情——比如没有坚持锻炼、没有完成写作目标、对自己的职业状态犹豫迷茫等。用四个基本问题向自己提问，探寻自己的初心。

笔记

09 欣赏式探询
——如何挖掘他人闪光点,成为最受欢迎的知己

在传统的观念里,人们总喜欢这样激励自己(他人)艰苦奋斗——"苦尽甘来""不经历风雨,哪能见彩虹""宝剑锋从磨砺出,梅花香自苦寒来""吃得苦中苦,方为人上人"……认为要取得一番成就,就必须经受痛苦的磨炼。

艰苦奋斗的精神当然要传承,但我们生活在新时代,艰苦教育有时候效果并不佳。还有哪些更好的方法,可以激发个人获得喜悦的成长,并且过程和结果都是幸福快乐的体验呢?

我的朋友王小千,为人特别亲和,但看起来是个容易消极的人,时不时就能听到他唉声叹气。身边人为了鼓励他,总喜欢给他讲艰苦奋斗观、励志故事,他骨子里也不喜欢。按说,每个人都是一块金子,是会闪光的,那如何挖掘和发现他的闪光点呢?我自从用欣赏式探询[①]的方式

---

① [美]库珀里德,惠特尼. 欣赏式探询[M]. 邱昭良译. 北京:人民大学出版社,2007年.

和他交流后，他真的就像是手机充电重启后一样，充满能量，焕然一新。

••

我们先来看看，关于欣赏式探询模型的阐述：

欣赏式探询可以用于个人或者组织，它有四个关键的流程，称为"4D循环"。

选择主题。在整个循环开始之前，至关重要的内容是选择"乐观的主题"，这个主题将会贯穿成长和变革的整个过程。

而后的四个步骤如下。

（1）**发现**（Discovery）：发现我们过去和现在的成功因素。把利益相关者集中起来，分享"我们的优势和最佳实践"。

（2）**梦想**（Dream）：我们这一辈子，到底想要做什么？具体到今年，我们想实现什么样的目标？人生的展望，一定要继往开来，在"发现优势"的基础上，我们看到了自己和团队的更多潜能，就有信心挑战更为高远的目标。梦想是让人喜悦的，充足的信心让梦想的大厦更加坚实。同时，让后续的研讨以结果为导向，让方向更正确。

（3）**设计**（Design）：设计实现愿景的道路。搜寻我们的资源，进行组织设计、流程设计，保障我们可以充分发挥优势，实现全新的梦想。

（4）**实现**（Destiny）：执行设定的行动计划，和一般跟进督导的主要区别在于，过程中需要增强"肯定能力"，使大家具有充分的信心，持续进行组织变革和绩效改善。

"4D"是一个循环的过程，对个体循环使用，可以极大地挖掘个人的潜力；对大团队整体多次循环使用，会使每个环节的思考和探索更加深入有效，如图9-1所示。

实现
如何授权、学习和调整？
（维持）

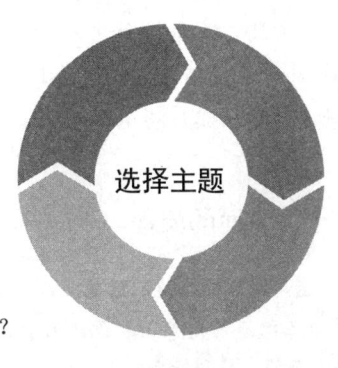

发现
是什么使生命生机盎然？
（肯定）

选择主题

设计
如何规划以达成目标？
（共同构建）

梦想
我们期待发生什么？
（预期结果）

图 9-1 4D 循环

那么，欣赏式探询对于个人的适用场景有哪些呢？

4D 循环的应用场景

对工作和生活缺乏激情。
目标感不强，内在动力不足。
工作生活中经常容易陷入困惑迷茫。
希望改变现状。

欣赏式探询的前两个阶段可应用于通用的人际交往环境。

发现阶段——通过探询对方的最佳实践体验，发现对方的闪光点；

梦想阶段——聆听对方的未来梦想，会带来深度信任的交流。

欣赏式探询是非常有效的引导技术工具，适用于组织发展和个人提升，本章我们

081

重点探讨面向个人的沟通交流应用——如何在个人沟通中使用欣赏式探询。从 4D 的探询流程可以看到，欣赏式探询主要是通过积极提问，探索个人内心和组织内最美好的一面，挖掘个人和组织的潜能，提升能量和效率。

欣赏式探询应用在个人方面的流程

▶ 发现（Discovery）：邀请对方分享他的最佳实践，并挖掘他的优势。可以提问：你曾经做过最有成就感、最自豪的事情是什么？你认为自己做得最好的地方有哪些？在这件事情上，你表现了哪些方面的优势和能力？

▶ 梦想（Dream）：在发现优势的基础上，探询对方在未来的道路上有什么样全新的梦想或更高的目标，准备迎接什么挑战。

▶ 设计（Design）：探询对方关于未来的目标是如何准备、如何规划、如何设计的。

▶ 实现（Destiny）：给予对方充分的赞许和肯定，强化对方的信心，推动事情的最大实现可能。

前面提到我的朋友王小千，在经过我与他的欣赏式探询对话之后，焕然一新。这个变化是如何发生的呢？下面我们就来看一下这次对话的情景。

我和他开展对话交流的时候，有个很重要的前提，就是让自己放下评判的心态，相信他是不错的。这一点很重要。只有这样，才能真正带着好奇的心态去欣赏对方，进入欣赏式探询的对话。

【发现阶段】

发现阶段的目的，是通过问对方最有成就感的事情，来挖掘对方的优势。

我问："小千，过去三年里，你最有成就感的事情是什么啊？"

他谈到自己独立成功完成了一个特殊客户的营销攻关，被上司公开表扬的事情。我接着问他："在这个事情上，你认为自己表现了哪些方面的优势能力呢？"

他沉思了一会儿说："我感觉自己还是很有耐心的，我考虑事情还算细心。"

我问："还有呢？你应该还有很多优点。"

他想了一想说："同事和上司都说我做事情很专注。"

我说:"你有耐心、细心、专注力等优势,这些就是你的职场竞争力啊。"

他说:"真没认真想过自己有这些优点呢!"

【梦想阶段】

——梦想阶段的目的,是在发现优势的基础上和对方一起探索未来的新目标。

我问他:"你接下来的一年,有什么样的新目标啊?"

小千在刚才的启发下,充满了正能量,马上提到了自己希望在工作上努力再上一台阶,一年后晋升为公司主管。

他说:"以前没有想过,你今天问的时候,我就觉得敢于去想去做啦。"

【设计阶段】

设计阶段的目的,是和他沟通,探询他对于实现未来目标的计划。

我问:"为了实现新的目标,你会有哪些方面的计划呢?"

他马上就提到了如何做好当前的项目管理,如何从和上司、同事、家人等的关系方面去努力,以及加强学习等。

【实现阶段】

实现阶段的目的,是给予他肯定的力量,探询他实现目标的关键要素,鼓励他坚持以达成目标。

我接着说:"听到你的这么多好的想法,真是很振奋人心啊!"

并问:"为了达成新目标,最关键的是要做好什么事情呢?"

他思考了一会儿,坚定地说:"最重要的是做好和上司的沟通,主动承担部门今年的重要项目,得到认同和支持。"

他还说:"今天的对话对我很有价值,你没有告诉我各种道理,但好像给我赋予了能量,也让我想清楚了很多事情。感谢你一直对我的信任,让我觉得自己被欣赏、被认同,以后要多向你请教。"

我说:"刚才一直是我在问你问题、我在请教你呢!"

最后,我们会心一笑!

我和朋友王小千完成了一趟欣赏式探询之旅,我也进入了他深度信任的朋友圈。

回顾一下,欣赏式探询之所以能通过提问达到这一切,是因为欣赏式探询是让我们"从心出发,解决问题",着力在"动机"层面。希望我们在未来的工作生活中,用欣赏的思维方式,去发现身边朋友们更多的闪光点,支持他们发现自己的优势,成就新的梦想。

拆为己用

I 重述信息

请用自己的话谈一谈欣赏式探询为什么被推崇。

A1 反思经验

回顾自己曾被欣赏探询的时刻，欣赏式探询是如何发挥作用的？

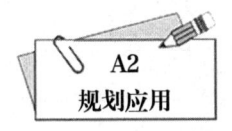

A2 规划应用

选择一位你特别想深入了解的身边同事或朋友，用欣赏式探询的方式，开展一次深度对话交流，记录你的对话收获。

您认为欣赏式探询是一种精神，还是一种工具？

A. 欣赏式探询是一种精神。
B. 欣赏式探询是一种工具。
C. 欣赏式探询是精神，也是工具。

参考答案：C

提问力（笔记版）

笔记

第三部分

问对哪些问题,个人成长能加速

10 选择地图
——为什么他比我发展得更好

在我的人力资源职业生涯中，对两个人记忆最深刻，他们分别叫刘英才和吴杰。他们俩同时从同一所大学毕业；入职后，同时被安排清洁机器设备一个月；然后一同在生产车间实习三个月；最后分配到同一个车间流水线的前后工位上。

三年后，小刘成为部门主管，小吴仍然继续在当初分配的岗位上工作。

五年后，小刘成为生产车间经理，而小吴还是做着生产线上的一线操作工作。

十年后，小刘成为某公司生产副总，而小吴还在十年如一日地做着那份工作。

当他们出现明显不同时，我开始观察和思考：为什么有些人升职那么快，有些人仍在公司基层职位？这到底是什么原因？我们期待着能够找到一个方法，将这些优秀的人的特质复制出来，用于培养更多的人。

持续观察几年后，我发现，成长快的人看待问题都特别积极；而成长慢的人则特别消极。

积极的人面对事情时，会问自己："在这个过程中学到了什么？自己的目标是什么？"他们特别关注哪些人、哪些事可以帮助自己收获和成长。而平庸的人看到事情时，会抱怨："我怎么这么失败，为什么他这样对我"。

你提出的问题就决定了你用怎样的思维方式思考。所以，如果你能不断地提出并回答积极模式的问题，那么就可以帮助你构建积极的思维模式，使自己变成一个积极的人，成长得特别快。

那么，用什么方法构建积极的思维模式来改变人生呢？

亚当斯博士提出面对事情时用选择地图[①]。当事情发生时，你可能有两条道路可以走，就像我的两位同事，他们其实走到了不同的道路上。一个人把自己当学习者，始终专注在收获上，抱着期待和好奇的心态，他提的问题是"我想要什么？我有哪些选择？我最应该做什么？"另一个人抱着评判的心态，总问自己"我为什么如此失败？为什么这么笨？为什么他们要这样对我？"这是完全不同的两条道路，一个走向了积极成长，而另一个陷入了消极评判者的泥潭。所以当你面对任何事情时，你内心都有这样两条道路，走哪一条，在于你向自己提出的是什么问题。

专注在收获方面的问题

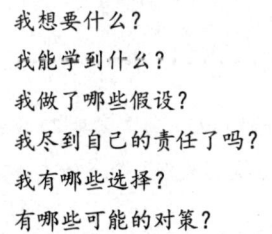

我想要什么？
我能学到什么？
我做了哪些假设？
我尽到自己的责任了吗？
我有哪些选择？
有哪些可能的对策？

---

① [美] 梅若李·亚当斯. 改变提问，改变人生 [M]. 北京：机械工业出版社，2014年.

如果你当下已经起了怨怼之心，落入了埋怨和评判的状态里，比如抱怨老板朝令夕改，孩子太不听话，闺蜜太过分……你没有办法让自己离开这个评判的状态，负面情绪不断发酵。那么你可以用 ABCC 选择法[①]，把自己从这个评判状态拉出来，重新回到积极状态。多次重复这个方法之后，你就可以成为一个拥有积极状态的人。

ABCC 选择法的使用步骤：

（1）意识到自己有情绪、有不好的想法存在。

（2）问自己，是否是评判者的状态？（A 察觉）

（3）获得肯定回答后，进行深呼吸，平稳一下自己的情绪，然后自问，"我是不是需要停下来退后一步，更客观地来看这件事？"（B 深呼吸）

（4）以好奇的心态问问自己，"到底发生了什么？"寻找现状，梳理信息。（C 好奇）

（5）问自己"我的选择是什么？"根据选择采取行动。（C 选择）

举一个我自己的例子。

多年前，我早上上班，由于早高峰道路拥堵，本来40分钟路程，通常需要70分钟，因此常常迟到。这导致我每天早上一起床就开始念叨，司机不守交通规则，今天的工作事情很烦……

有一天，我喋喋不休的念叨惹烦了老公，他朝我怒吼，"你不抱怨会死呀！"

第二天早上，起床后，当我下意识地开始嘟嘟囔囔"烦死啦，高架上又堵车了，怎么就不可以把上班时间错开呀。今天又要迟到"时，我忽然想到自己又在抱怨，赶紧停了下来。

[①] ［美］梅若李·亚当斯. 改变提问，改变人生[M]. 秦瑛译. 北京：机械工业出版社，2014 年.

我想起了 ABCC 选择法。我尝试用这个方法来分析自己。

察觉（A），问自己是不是在评判。发现自己确实是评判者的心态。因为我在抱怨，在指责公司安排的上班时间不合理。

停下抱怨，深呼吸（B）。问自己是不是应该更客观地来看这件事。

好奇（C），到底发生了什么？ 客观情况是，当我起床收拾停当后出发时，道路已经开始拥堵了，所以我一定会迟到。但是住在我家附近的同事，几乎不迟到。我意识到，其实是因为自己不愿意在上班这件事情上多花一丁点儿时间，所以计算了最短的时间，希望踩着点儿进办公室，结果却总是迟到。

选择（C），今后怎么办？ 是继续抱怨，继续烦躁，让这样的事情每天都影响我的工作和生活呢；还是吸取迟到的教训，从明天开始提早 15 分钟起床？我选择了后者，不再继续恶化我的抱怨。

我把自己从这个泥潭里拔了出来。再以后，遇到类似的情形时，我就会问自己一些积极的问题，比如"我可以做点什么来改变现状"。后来，抱怨离我越来越远了，家人也说我不再找他们吵架了。

当面对一件事情时，有人如从前的我一样，不由自主地看到不好的一面，认为这件事烦恼、认为这件事情中的人让人生厌。此时，每个人都会同时面对学习者心态之路和评判者心态之路这一岔路口。当你向自己提出学习者的问题时,你可以走上学习者心态之路;当你进入评判者心态之路时,请及时用 ABCC 选择法,让自己摆脱评判者的心态。

这些发生在生命中的每一件事都在提醒我们,帮助我们以后在这类事情上做得更好,有效地杜绝再犯同样的错误。

拆为己用

I 重述信息

你如何理解消极思维对人的行为产生的影响。

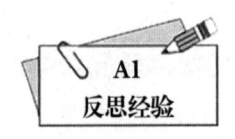

A1 反思经验

请回忆最近一个月里,你出现过的一次不愉快心情。可能是伤心,可能是郁闷。请写下在这次不愉快中你对自己或者他人的评判。然后请用 ABCC 选择法模拟调整自己内心的对话。

A2 规划应用

你的一位朋友打电话给你,抱怨说,老板刚才又大发雷霆,自己的工作恐怕不保了;年底了,老婆还等着春节前的奖金,好凑齐房子的首付款。朋友唉声叹气了一个小时。此时你想将他从评判者心态拉到学习者心态,请模拟你们的对话。

11 GROW 模型
——年年有一个相同的目标，为什么都没有执行

2017年年底，在拆书帮的一次目标管理方面的读书和分享活动中，琪琪在分享"过去经验"的环节时说："我年初制订了英语计划，希望在年底时能用流利的英语交流。"现场的小伙伴们立即说："来几句！"琪琪叹着气说："其实你们知道的，根本没坚持下来呀。"她说，她2015年和2016年的计划中都有学英语的任务，可到年底盘点发现自己要么学了个把月就放弃了，要么买了不少的英语书、网络课程，有一年还参加了一个很贵的英文俱乐部，可现在的英语水平比原来还差了。琪琪说："今天学习目标管理，我要弄清楚怎样才能把学英语的目标实现。"

其实，我很想问琪琪，用流利的英语交流真的是你想要的吗？你掌握这个技能后有什么实际的用处？

在我身边有一小部分人，他们在计划开始一件事情前，会先问自己：

这是我想做的事情吗？

我做这件事的目的是什么？

我的行动计划可以支撑目标完成吗？

每每这样追问自己之后，他们会放弃一

些很热门、很有创意、看起来对他们有帮助的目标，而将全副精力集中在他们真正要实现的内容和行动上。强目标感是这一类成功人士的法宝。

如何塑造你的目标感，InsideOut Development 发展公司总裁艾伦·范恩提出了GROW 模型[1]，这是一种简单易行的方法，可以帮助人们在生活的各个方面更加专注，减少干扰并最终提升表现。

> **GROW 模型**
>
> GROW 模型能够引领人们更好地做出决定，它由四个步骤组成。
> 目标（Goal），我们想做的事。
> 现状（Reality），我们所面对的状况，或者我们认为的状况。
> 方案（Options），我们如何从现状到目标。
> 行动（Way Forward），我们想采取的行动。

看着这个模型，你可能在想，哦，好像我生活中的很多事情，都经过了这样一些步骤。对，在日常生活中，我们做的大大小小的决定，有意识、无意识中都会用到 GROW 模型的这四个步骤，可我们常常并没有按照先定目标、再看现状、再找方案，最后做出行动的顺序进行。

··

多年前我工作的地点没有直达公交，上下班要花 2 小时左右，倒 2 次车。一次回家后，放学早、先回到家的宝贝哭哭啼啼地说害怕。我就想："怎么办？买电动车吧，能早点回家。"一冲动，周末就去买了一辆电动车。买了电动车后，发现自己胆子特别小，根本不敢骑车上路。再后来，发现滴滴有拼车的功能，于是找到了住同一个小区并且和我在一个写字楼上班的人，每天拼车上、下班，这样就可以和宝贝差不多同一时间回到家里。而电动车在买了之后一直放在那里，还舍不得卖，最后不翼而飞了。如果开始做决定前，先思考解决这件事情的方案有哪些，

---

[1] ［英］艾伦·范恩，［美］丽贝卡·梅里尔. 潜力量：GROW 教练模型帮你激发潜能 [M]. 王明伟译. 北京：机械工业出版社，2015 年.

想清楚了再去行动，就不会出现电动车买了无用、后来还丢了的事了。

••••••••••••••••••••••••••••

我和很多人分享 GROW 模型时，大家都下意识地认为自己是按照 GROW 模型四个步骤的顺序处理问题的，其实却并不总是这样。我们的想法常常在这四个步骤中跳来跳去，最后消耗掉了热情，浪费了脑细胞，可能还费了钱。

目标（Goal）。明确目标的过程中干扰非常多，比如被别人请求帮忙不好意思拒绝；自己有了新的创意就想实施；想起过去有一件想做但没有做的事情就一定要干。面对这些干扰，要问自己：

这些都是你想要的吗？

你想解决的是什么问题？

如果你不采取行动，会有什么后果？

当一件事情出现时，不要跳步骤去寻找解决方案，而是先问自己一些启发性的问题，这样，能够帮助自己和他人找到真正的目标。

目标可以助力你的个人成长，提高你的业绩表现。这就是 GROW 的目标环节。

现状（Reality）。目标明确了，就根据目标收集各种资源。此时我们要抛弃自己的主观判断，比如"这个目标的资源不够"等问题，而是要想一下客观的问题，比如：

为实现这个目标，我们可以找到哪些资源？

有哪些相关的客观事实存在？

有哪些障碍可能会阻碍我们达成目标？

比如开篇的琪琪，她为了学好英语买了书、课程、参加了英语俱乐部，可这些并没有让她实现目标。阻碍她实现目标的原因在于，她的生活和工作都不常用英语，她未来也没有需要英语这门语言的任何计划。这就是现状环节。

方案（Options）。从现状到目标，需要有可行的方案。此时可以问问自己：

我们如何从现状到达目标？

我们可以怎么做？

可以使用一些头脑风暴的方式，去找到各种各样的方案。这是方案环节。

行动（Way Forward）。最后，从多个方案中挑出可以行动的内容。方案可能很多，但一定只有一个方案是最适合而且能被执行的。此时要通过如下问题时刻提醒自己：

我的目标是什么？

哪个方案能够实现我们的目标？

哪个方案可以让我们有动力坚持到完成目标？

方案有了后，要列出行动计划，此时要问，为了达成短期或者长期的目标，需要做什么？

什么时间开始和结束？

在此过程中都需要哪些人去做哪些事情？

以上是GROW模型在聚焦目标做出决定时的过程。它每一步都围绕着我们想要什么结果开展，每一步都围绕怎样实现目标而进行。时刻盯住靶心，才可以走在执行目标的正道上。

我的朋友小琳，是一个目标感非常强的人。她和我分享了她如何运用GROW模型，思考给我打电话讨论项目的过程。

• •

最近小琳和我说了一个新的项目，并想让公司立项启动起来，这个项目和我们的业务关联度不大，所以我不同意。但她还想打电话给我再说说。当她拿起电话的一瞬间，她停住了拨号，问自己，"我怎样才能说服真姐呢？"她想了很多，但都觉得不能解决问题，最后想到了GROW模型。

第一步，目标。"我为什么要打这个电话？打这个电话后我期待达到的结果是什么？"她一番自问自答后得到了答案——期待真姐能同意这个项目实施。有了这个目的，还不能实现她的想法，于是进入第二步。

第二步，现状。目前的现状是什么？我们现在有哪些资源？我们做过什么？有哪些难点？思考良久，写写画画无数张纸后，理出七八条可以电话里沟通的内容。

第三步，方案。在梳理自己写的理由时，她找到了一个电话沟通的主题——探讨这个项目与公司核心技术的关系是什么？如何建立起关系？

第四步，行动。她拨通了我的电话。大约只说了10分钟，我就决定同意小琳提出的新项目上马。

••••••••••••••••••••••••••••••

打这个电话的过程实则是讨论项目。小琳运用GROW模型厘清了自己要打电话的目的，围绕这一目的找到了和我沟通的行动方案，然后在短短10分钟内，一个一开始被否决的项目获得了通过。

很多时候，你的目标不能执行，在于你做的是根本不需要做的事情，失去了重点；或者你的执行方案不能支撑目标的达成，浪费了时间，抢占了实现真正的目标需要的资源。所以，当我们在决定怎么做一件事时，要先使用GROW模型，想一想这个目标确实是你要的吗？然后将所有的动作都聚焦到核心目标上，围绕目标分析现状、确定方案和行动。

拆为己用

I 重述信息

使用 GROW 模型,你觉得最难的是什么。

A1 反思经验

为自己工作中的目标感打分,1~10分,目标感非常强为10分,几乎没有目标感为1分。

A2 规划应用

做一个目标感提升的计划,其中包含提升的目标感分数,以及如何运用 GROW 模型达到这个分数。

(1)我的目标感得分:_____。

(2)我计划在_____月内,将目标感从现在_____分提升到_____分。

(3)我的计划。

12 积极提问三原则
——改变提问，改变思维模式

通过前面的章节，我们已经体会到，好的提问可以促进交流、可以赢得尊重、引发思考、催化学习……这些主要说的是如何向别人提问。本章我们则关注的是如何向自己提问。因为向自己提问会影响自己的心态、影响思考的方向。

曾经，有一个叫安东的同事从其他部门调岗到我的部门。他以前的部门领导跟我说，这个小伙子名校毕业，非常聪明，据说他曾在心理系测验过智商，130多分，工作上手很快。但有一点不好：爱抱怨，思维方式比较消极。

我带了安东一段时间，发现还真是这样。于是，我把他拉到公司楼下咖啡馆，跟他聊天，还布置给他一个任务，让他记录自己每天脱口而出的消极语言，连着记录三天。安东不太情愿，但还是接受了。

> **安东的消极语言清单**
>
> 为什么时间这么紧?
> 怎么计划总会变?
> 为什么材料都不能按时交?
> 为什么事先不通知?
> 为什么跨部门沟通总失败?
> 为什么钱不够花?
> 为什么我们部门工作这么多?
> 为什么好多工作不能提前安排?
> 要等到什么时候,管理层才能提供更多资源、更多支持?
> 为什么老是人手不足?
> ……

安东对我说,记录下来吓了一跳,才发现自己这么爱抱怨。

其实,很多人都和安东一样,从小到大,习惯于抱怨、推诿、拖延。

> **小时候的抱怨**
>
> "为什么总是这么多作业啊!"
> "是不是这些不用今天写呀?"
> "能不能先看完动画片再做作业?"
> "我的作业被猫吃了……"

工作后的抱怨

"为什么时间这么紧?"
"怎么老把他们的事给我们干?"
"要不这个汇报到晚上再写吧。"
"我的付出与回报不对等……"

婚姻中的抱怨

"为什么你不替我考虑一下?"
"我工作都那么累了,哄孩子这事应该你干吧?"
"等到孩子再大些再说吧。"
"我当初娶的要是另一个就好了……"

这些话,我们都耳熟能详。每天都会听到身边的人说,自己也会说。一方面,抱怨、推诿、拖延;一方面,又觉得自己怀才不遇,遇人不淑。这样的表现,可以称之为"受害者心态"。而类似心态导致的结果,包括成长很慢、情商较低、给人的感觉是不够正能量、做事不靠谱,职场路和人生路都越走越窄。

每个人都知道这样并无益处也无意义。但怎样改变呢?

仅仅跟人说"你不要抱怨,你不要想着别人的责任……"这样是没用的。其实,提问本身就是一个很巧妙的切入点——请关注自己提出的问题。你把一些常见的提问,转换为另外的提问方式，这样看似小小的语言改变，却能带来巨大的思维方式的转换。

答案就在问题之中[①]，或者说提问的方向决定了答案的质量。我们给出如下的"积极提问三原则"。

第一，少问"为什么"，多问"如何""怎样"。回顾一下安东记录下来的那些问题——"怎么计划总会变？""为什么材料都不能按时交？""为什么事先不通知？"等，很多都是以"为什么"开头的。提这样的问题，并不是为了解决问题，不是为了规划行动，也不是为了更好地理解，只是抱怨、责怪别人而已。类似地，"什么时候管理层才能提供更多的资源啊？"也不是真的要了解进展和时机，而只是牢骚罢了。所以，不是"为什么"这三个字不好，而是很多时候抱怨、推诿、拖延的心态会通过"为什么"这样的说法表达出来。但是，如果把提问换成"怎样""该如何"，把关注点放到行动方案、解决问题上，比如"要实现这个计划现在需要做什么？""怎样确保材料尽可能按时交？""通知下来了，时间很紧张，咱们该如何做？"等。

第二，提问中要包括"我"。原因是，提问中说到"他""他们""你们""谁"……这些人做什么、想什么，其实你都管不了。你总是把关注点放在自己控制不了的事情上，那八成会怨天尤人。你唯一能控制的人是谁？是自己。所以提问中最好把"我"放进去，这样能保证行动性。"现在我能做些什么？""我该找谁去请教，就不至于束手无策了？"

第三，问题中一定要有动词。动词意味着行动，意味着你把关注点放到下一步要做什么，要达到什么结果。

我们会发现，一个消极抱怨的问题，可能对应多个积极主动问题。比如"为什么钱不够花"，可以对应"如何增加理财能力""怎样挣更多的钱"……

我们来做一下练习，从消极抱怨的问题向积极主动的问题转化。

1)"为什么这些事都是我做？"

这个提问如何改变？可以有以下几种可能：

[①] [美] John G.Miller（约翰.米勒）. QBQ, 问题背后的问题 [M]. 李津石译. 北京：电子工业出版社，2015 年.

"我怎样能做好这些事？"

"我如何让领导认可这些事不该我做？"

"做这些事怎样给自己带来长期回报呢？"

……

2) "怎么我总是遇到这么奇葩的客户和领导？"

这个提问如何改变？可以有以下几种可能：

"下次见这个客户前，我要做哪些准备？"

"我去哪里开发更多客户，避免在这一棵树上吊死？"

"我具备了哪些能力或资历，就可以放心炒掉这个老板了？"

……

3) 为什么我就是找不到对象呢？

这个提问又如何改变？可以有以下几种可能：

"我做些什么就能增加找到对象的概率？"

"怎样提升相亲的效率？"

说到这里，顺便提一句：无论相亲还是面试，最好都要关注一下对方的思维方式，看对方是不是习惯于抱怨、推诿、拖延。你可以在面试和相亲中设计一些问题，从对方的回答中，能快速有效地判断对方的心态。

拆为己用

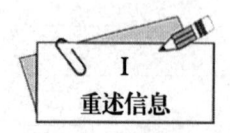

I 重述信息

按照"积极提问三原则",一定不能问以"为什么"开头的问题吗?你怎么理解?

A1 反思经验

你最近有过哪些抱怨、推诿或拖延的问题?请写下来,然后给出三个以上的积极主动问题。每个问题代表一个解决思路,隐含一个答案。给每个障碍探寻不同的解决思路,使你持续保持积极主动。

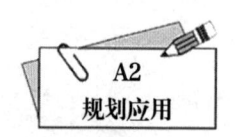

A2 规划应用

孩子说"为什么作业永远都做不完呀?"做父母的最好这样回应:

A. 你要不磨蹭,早就做完了!

B. 你觉得做作业的时间太长了,都没有时间玩。关于这个问题,我们一起看看能做些什么呢?

C. 你为什么总是抱怨呢?

D. 老师留作业也是为了你好呀!

参考答案:B

13 采访型问题
——如何在面试中掌握主动权，成为大赢家

但凡职场人都有面试的经历，每一次面试，你都会被问无数问题，那么在最近一次的面试中，除了介绍自己的工作经历你还被问过下面哪些问题？

① 请介绍你的工作经历。

② 你的工作职责有哪些？

③ 场景性问题，类似这样的："你跟踪了三个月的一笔销售业务，被同事抢了，你怎么办？"

④ 请描述你最糟糕的一次失败的经历。

⑤ 你平时喜欢看什么书？

我猜你至少选择了2个，有可能几个你都选了。为什么面试官会问这些问题？我们先留个疑问在这里。

现在，请回想一下你在面试中问过什么问题？下面的两个问题，你问过吗？

（1） 我入职后的薪酬是多少？有哪些福

利？

(2) 我的工作职责有哪些？

当你问出这两个问题时，面试官又是如何看待你的呢？

我们带着这两大疑问来学习采访型提问[①]模式，了解面试环节中所提问题的含义，帮助我们在面试前通过自我提问做好充分的准备，轻松应对面试。

面试时所问的问题，通常属于采访型问题。采访型问题有一些基本的模式和范围，主要包含四个方面：介绍自己、分享你的愿景、承认挫折和挑战、"击打曲线球"（出其不意的问题）。

介绍自己、承认挫折和挑战的问题，是聚焦你过去做了什么；分享你的愿景类问题，是通过一些假设的场景，看你怎样处理。"击打曲线球"是提出一些与工作无关，或者转换视角的问题。下面我们分别说说这四个方面问题的含义，以及我们在面试前要自我提问的问题。

第一，介绍自己

常见的介绍自己的问题

你是谁？
你做过什么？
你有何成就？

介绍自己是面试中最基础的环节，一般面试官提出的第一个问题就属于这一类。他们会说，请介绍一下你自己，说说你的工作职责。通过这些问题，面试官想了解你的资历，确认你的基本背景信息是否符合岗位要求。然而，如果你真的只回答了"我有什么职责，我的学历是什么，我做过什么事情"，那么你只回答了问题的50%。因为这些信息只说了你是谁，并不能说明你的能力水平。面试官在这里期待听到你的业绩描述，比如业绩完成的具体情况和关键数据。

---

① [美] 弗兰克·赛思诺. 提问的力量 [M]. 江宜芬译. 北京：中国友谊出版公司，2017年.

第二，分享你的愿景

这个环节需要你想象自己已经在新的岗位上展开工作了，面试官会提出一个该岗位上的挑战或事件，请你回答如何应对。

面试官提出的情景问题

"一位同事告诉你，她认为自己的付出与薪酬不成比例。其他人的薪水比她高，但工作量相同。"

"你跟踪了三个月的一笔销售业务，被同事抢了，你怎么办？"

"假如我们录取了你，你接手了一个烂摊子，你如何在一个月内全部理顺。"

这类问题叫情境型问题，格式为：情形的描述+充满挑战的选择。通过你的回答，展示你对假设事件的处理方式，让面试官更好地了解你的目标感、你面对问题时的思维方式和做决定的依据，以及你专业能力的展现。在你的回答中，还能够看到你是否曾经遇到过类似的事情，处理这些事情手法的娴熟程度。面试官在面试中提出这些问题，通常是因为你对过去经历的描述还不能够让面试官准确预测你的未来业绩，因此，他希望通过这样的方式再次印证内心的各种假设。

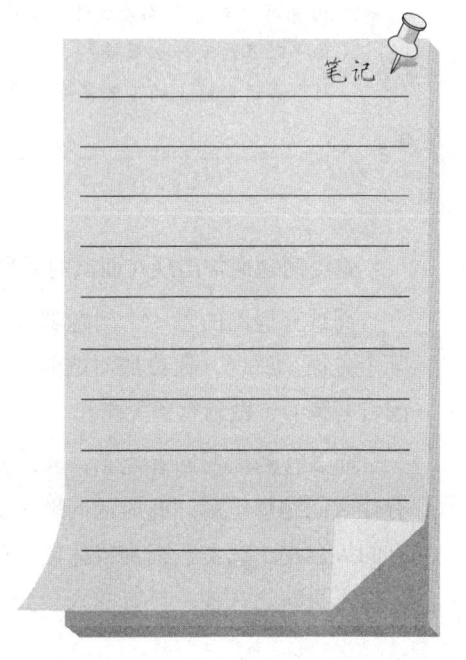

第三，承认挫折和挑战

这类问题涉及你经历过的最艰难的事情、棘手的决定、失败和冲突。此时你可能被要求回答类似这样的问题：

"你最糟糕的一次失败经历，你经历的最困难、痛苦的事情是什么事？请说说这些事情的处理细节。"

记住，你的真诚回答才是面试官愿意听的内容。如果伪造故事，细节会很难说清楚。面试官通过你的回答，了解你在困难处境中的选择和做事方式，以及你是否善于总结经验教训，从而推测你承受压力的能力、在新工作中处理难题的速度和方式，并判断这样的方式是否是企业所接受和欣赏的。

第四，击打曲线球

这类问题出其不意，它们通常不在你的预演问题中。这一类问题是为了观察你的应变能力和创意，同时了解你的价值观，从而判断你和公司文化的匹配度。

击打曲棍球的问题示例

20来年，对你影响最大的人是谁？为什么？

你平时喜欢做什么事情？

对于最近网络上的某某事件，你是怎么看的？

这类问题通常出现在面试的后半场，或更高层级的面试官面试时。

面试官提出的每一个问题都有背后的含义，每个问题的答案都会用于判断你的某个方面。所以，在参加面试前，围绕你的职责、围绕你要去的企业背景，多做自问自答练习，做到有备无患。

面试官的问题回答完了，此时面试官对你有了一定的意向，他就会主动询问你有什么问题想了解。此时的问题至关重要，然而很多时候，人们会错失这个机会。有的人会提出薪资、福利或休假等问题，这些问题表明他的关注重点在薪酬，而对工作本身缺乏兴趣。还有的人会问"我的工作职责有哪些？"这类问题说明他没有仔细查看招聘广告中的职责描述。而聪明的你应该问，"我的工作职责中难点有哪些？"还可以问公司目标、过往的历史和发展前景方面的问题。这些问题反映出你想更深入地了解公司、了解岗位，代表着你在考虑公司是否对你合适。面试官要的就是你的这份用心，同时，问题的深度也反映出你的思考。

此时如果实在想不出该问什么，送你一个魔法问题："我怎样才能成为公司的优秀员工？"它能够传递给面试官你积极进取的心。另外，还需要注意，如果面试官没有邀请你提问，那可能意味着他对你不很看好。这时则不宜画蛇添足，就此打住，说不定还能留下一个好印象。

总结

要让面试官认可你，你需要通过自问自答的方式准备面试官要问的问题，并找到你要提问的问题。

下面归纳总结四类你要自问自答的问题，并给出部分问题清单。

（1）自我介绍：呈现你的经历和业绩水平。

我的职责有哪些？有什么业绩？这些成绩可以用什么数据说明？这些业绩给下一步工作和团队带来什么影响？我是怎样做到这些业绩的？

（2）分享愿景：通过假设进一步了解对未来的期待，并思考如何运用过往的经验。

围绕你应聘的岗位，向自己模拟提出一个"情形的描述＋充满挑战"的问题。

（3）承认挫折和挑战：呈现你在困难处境中的价值选择和做事方式。

问自己"你在工作中做过的最艰难的决定是什么？你是如何着手实施这一决定的？"

（4）击打曲线球：呈现你的创意、价值观、思维模式。留意职场上的这类曲线球问题。

当然，这个采访型问题模型不仅仅可以用在面试中，还可以运用到认识新朋友、相亲等社交场景中。

比如，在聚会时你新认识了一位成功人士，可以用承认挫折和挑战的问题打开话题，比如：

★ "你曾经有过的最疯狂的想法是什么？后来实现了吗？"

在相亲中，用分享愿景的问题，向你的相亲对象提问。比如：

★ "假设未来你内心想从事自己喜欢的工作，但现在的工作能给你不错的待遇，你会怎样选择？"

用这样的问题，可以了解他对待工作的态度。

拆为己用

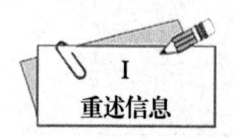

I 重述信息

如果想让自己的面试很充分，你会选择课程中哪些问题进行准备，请说明原因。

第三部分　问对哪些问题，个人成长能加速

**A1
反思经验**

请回想你的面试经历，挑选一个面试官问过的让你记忆深刻的问题。请写出来，然后请识别这个问题属于面试中的哪一类问题。

笔记

笔记

14 复盘
——向过去学习，实现复利式的进步

我们大部分朋友都经历过面试，甚至经历过多次面试，当面试失败的时候，我们是怎样总结经验教训的呢？为什么有的人一直保持同样的水平，甚至退步；而有的人却在一天天进步呢？

有一位小伙伴来参加广州的拆书帮活动。他说，我在每一次面试后也会做总结和复盘，但却作用不大。那次刚好拆书的主题就是复盘，在现场学习和交流的过程中，他终于意识到，自己以往的经验总结，或者过于宽泛；或者容易为对方找问题，为自己找借口、找台阶。所以，尽管以往做了很多总结，下一次又犯了很多同样的错误。

我们可能都知道投资界有个复利投资秘诀。股神巴菲特从 27 岁开始有炒股的业绩记录，60 年后达到 62740 倍的收益，年复利是 20.2%，成为全世界最有成就的投资家。

复利公式是：$F=P(1+i)^n$

其中：F 代表复利终值，P 代表本金，i 代表利率，n 代表期数。

假设我们的经验值的初始值是 1，如果我们每天进步 1%，一年 365 天后，我们会变成怎样的自己？采用复利的公式进行计算，我们会非常惊讶地发现，一年之后，我们得到了 37.8 倍的成长！当然，这只是理想化的数学计算，但还是说明了，坚持每天让自己进步一点点，意义非凡。那么，如何才能让自己每天都在持续进步呢？

要想每天进步一点点，需要我们将自己或他人的教训变成经验，将经验变成智慧。有一个学习方法可以帮助我们做到这一点，那就是以提问思维贯穿全过程的复盘学习方法论[1]。

---

[1] 陈中. 复盘 [M]. 北京：机械工业出版社，2013 年.

什么是复盘？

"复盘"原是围棋术语，本意是对弈者下完一盘棋之后，重新在棋盘上把对弈过程摆一遍，看看哪些地方下得好，哪些地方下得不好，哪些地方可以有不同甚至是更好的下法等。

正如联想集团创始人柳传志先生所说：

所谓复盘，就是一件事情做完了以后，不论失败或成功，都重新演练一遍。

尤其是对于失败的事情，在重新演练的过程中，重新梳理我们预先怎样定的、中间出了什么问题、为什么失败，把这个过程梳理一遍之后，下次再做的时候，就能够吸取这次的经验教训了。

基于复盘的机理和长期的实践，联想集团于 2011 年提出复盘的操作步骤包括四个阶段：回顾目标、评估结果、分析原因、总结经验。

复盘四个阶段的问题

第一阶段：回顾目标。预期目标是什么？
第二阶段：评估结果。实际发生了什么？
第三阶段：分析原因。差异原因是什么？
第四阶段：总结经验。从中学习到什么？如何改进？

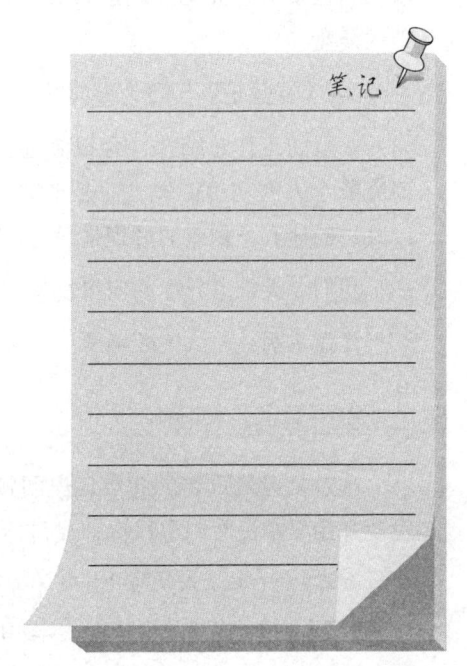

我们可以对长周期的大事情做全面的复盘或阶段性复盘，也可以对短期的小事情做即时复盘。可以说，任何时候、任何地点、任何事情，只要我们觉得有必要，都可以进行复盘。

拆书帮在组织学习活动中，基本都有复盘学习的习惯。组织一场活动，会后就进行复盘回顾；完成一次拆书分享，会习惯性地复盘；完成一项任务，会开展一次复盘。通过复盘，老师和学员都得到了更快速的个人成长。

我们知道，"复盘"实质是从经验中学习，从行动中学习，避免犯重复的错误，找到规律，为了以后做得更好。

那么，大家可能会有疑问，复盘不就是总结吗？

虽然复盘也是一种形式的总结，但严格讲起来，工作总结并不完全等同于复盘。复盘与总结有两个非常重要区别。

（1）复盘是结构化的总结方法

我们都知道，总结的做法往往先谈过往的成绩、经验，然后分析存在的问题，整理未来的工作思路。总结通常没有固定和结构，最常见的是缺少对目标的分析回顾。但复盘具有明确的结构与要素，必须遵从特定的步骤进行操作，不仅要回顾目标与事实，也要对差异的原因进行分析，得出经验与教训，并制订改进计划，才算是完整的复盘。

（2）复盘是以学习为导向的

一般的工作总结往往会以陈述自己的成绩为主，忽略不足。而复盘的目的不是追究哪个人的功过得失，而是忠实地还原事实、分析差异、反思自我，找到未来可以改进的地方，复盘的过程是学习导向的。

我们今天重点分享如何将复盘应用于个人学习，拿一次面试失败的经历来举例。

复盘主题：面试失败经历。

第一阶段：回顾目标

这是复盘最重要的起点，先回顾预期目标是什么。很多人到了做复盘的时候才发现开始根本没有制定目标，或目标太模糊，不够清晰、具体。

面试案例：这次面试的目标是什么？复盘时发现，除了"通过面试考核"这个大目标，没有分解出具体、清晰的小目标，比如自信的自我介绍，面试过程的心理状态等。

第二阶段：评估结果

要对发生的事实和结果进行实事求是的客观描述，可分为亮点和不足两个方面。提问要点是，实际发生了什么？是什么情况下发生的？怎样发生的？

面试案例：

亮点方面：自我介绍很流畅；个人经验方面，突出了个人的能力优势等。

不足方面：面试过程紧张；对未来的工作设想没有说到重点上；有一个专业问题没有答上来。

第三阶段：分析原因

经过前面的目标回顾和事实呈现，接下来就可以进行分析诊断，找出和预期目标差异的原因。提问要点是，做得好的方面，成功的因素是什么？不足的地方，失败的因素是什么？

面试案例：

好的方面：自我介绍流畅，因为之前做了演练；介绍经验，描述了关键点和细节等。

不足之处：面试前没有预计到有8人面试官，现场不够镇定；对工作设想，准备阶段不充分，思路不清晰；对专业问题预估面太窄，没考虑到涉及跨专业方面的问题。

第四阶段：总结经验

这一步是要从行动中学习到经验教训，并改进未来的行动。提问要点是，我们从中学习到了什么新的东西，有哪些经验或规律？以后如何改进？

面试案例

要提前熟悉现场环境，下次会提前至少 45 分钟到达现场。

要放大预估面试官人数，按照超过 8 人的面试官进行面试准备。

要开展面试流程预演，并且计时确保自主控制部分不超时。

需要准备跨专业方面的问题应答，列出准备问题清单。

对未来工作设想，需结合面试企业的发展规划、企业文化和岗位特点来做准备。

这样，我们就完成了一次超越一般性总结的复盘啦！

这是我们每个人都可以使用的复盘方法论，是一种持续反馈不断优化的学习方式。

在复盘过程中，我们经常用苹果和洋葱来代表两种不同的反馈意见。

苹果香甜可口，代表做得好的方面；洋葱有点呛人，但很有营养，代表可以做得更好的方面。

最后输出复盘后的行动计划，并将其精华纳入下一轮的行动计划中。

成长比成功更加重要。希望你养成复盘的好习惯，每天吃苹果，也要吃洋葱，坚持让自己实现每天 1% 的进步，成为更好的自己。

拆为己用

I 重述信息

关于复盘的方法论，如下描述中错误的是（多选）：

A. 复盘是以分析原因为导向的。
B. 复盘的第一步是回顾目标。
C. 复盘和传统的总结是一样的。
D. 复盘既可以用于组织学习发展，也可以用于个人学习发展。

参考答案：A、C

**A1
反思经验**

反思自己过往所做的总结和复盘的根本差异体现在哪些方面?

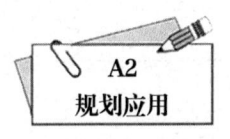

**A2
规划应用**

你会将复盘这一方法应用在自己工作生活的哪些事项中呢?

笔记

笔记

提问力（笔记版）

笔记

第四部分

怎样提问攻克难题

15 SCQA 模型
——如何快速挖掘到问题本质

最近，在一次拆书帮的活动中，有一个小伙子求助。他参加工作两年了，准备换工作。他说"我昨天收到了两份入职通知书。两个职位的条件都差不多，不知道选择哪一家好。"现场伙伴们七嘴八舌帮他比较，可比较之后，大家发现这两家公司的确差不多，好难选择。

活动结束后，小伙子请教威望高的严总。严总说："当两个公司的职位、薪酬等都差不多时，你可以关注以下三个方面：工作场所和设施、食堂和厕所。工作场所和设施可以反映公司的经营财务情况，从食堂可以看公司对员工的重视程度，而厕所则折射公司的内部管理状况。通过这些，可以了解到你看不到的地方，让你知道哪家公司更适合你。"

严总靠人生阅历和洞察力，快速为小伙子锁定了解决问题的方向。然而很多时候，尤其在我们刚接触到一类新事物时，或者当我们的人生阅历不够时，我们无法具有这样的洞察力。此时，可以运用 SCQA 模型[①]，对一件事情的四个层面进行分析，从而找出问题的本质。这样假以时日，我们不需要十年的工作经历，也能快速找到解决难题的突破口了。

---

① [日] 高杉尚孝. 麦肯锡问题分析与解决[M]. 郑舜珑译. 北京：北京时代华文书局，2014 年.

SCQA 模型的四个步骤

首先确定好问题的所有者是谁，然后按照以下步骤分析问题：

S（Situation，稳定）——描述稳定的状态。

C（Complication，混乱）——这里指颠覆现状的问题。

Q（Question，问题）——自我设问，找到要解决的问题。

A（Answer，答案）——给出问题答案。

我们用一个案例来解释 SCQA 模型的每一个步骤及如何操作。

案例背景：我的同事小林，昨天经理当着办公室同事的面骂他，他很苦恼，不知道以后怎么办。事情的起因是，他给同事做的项目标书没有满足客户的需求。

首先要确定这是谁的问题。在这个例子中，如果是小林的经理来找我，那么问题所有者就是经理。而现在有苦恼、想解决问题的是小林，所以问题的所有者是小林。

第一步，描述稳定的状态

小林每天正常上班，完成本职工作，为

销售同事制作标书。这是案例中的 S（稳定）状态的现状。

在这一步，要求描写当事者稳定的状态，即发生事情之前当事者的生活或者工作状态是怎样的。这里的稳定状态并不一定是平安无事，即使处于非常困难的状况，只要是持续稳定的，都属于我们描述的"稳定"状态，比如小王年初辞职之后，持续四个多月没有找到工作，眼看着手中的钱不能支付下个月的生活费了，陷入极度焦虑中。这种困难的生活状态也是小王所处的"稳定"状态。

在这个环节中，要描述当事者期待解决问题后的目标。小林的目标是，希望以后经理不要再因为标书的事批评他，也不希望因为这样的事情引起工作变动。

第二步，陈述颠覆现状的问题

打破小林现状的事情是他的经理在同事面前骂他。这是小林第一次遇到，他觉得受到了伤害，有种冲动想辞职。等情绪冷静下来后，考虑没有必要因为此就舍掉自己喜欢的一份工作，但内心的难受消化不了，这件事情就成了他必须要过去的坎。

工作中颠覆现状的常见问题

上司交代一个新任务。
和同事发生冲突。
工作任务突然加剧。
工作环境变化。
……

第三步，自我设问

小林在经理骂他后，情绪上会有强烈的波动。当他稍微平静一些时，大脑里浮现出一个疑问："为什么经理要这样对我？"这个疑问反映出小林关心的角度，想找原因，这可能是小林要解决的一个问题。小林还可能有这些疑问：

"我怎样和经理相处？"
"经理会不会炒我鱿鱼？"

"以前都没有过,今天经理遇到什么事情了吗?"

我的标书怎样才能做得更好?

这个环节是当事人发散性地自我设问,出发点是怎样从根源上解决问题。发散性提问可以用头脑风暴的方式,不断向自己提出疑问,当我们假设的疑问越来越多时,就越能看到有什么问题被我们忽略了。

然后对设问的问题进行分析,找到哪个问题是最重要的。我们一起来看小林的各种设问。

"我怎样和经理相处?"

这个问题解决后,如果下次再有标书出错、客户投诉,经理会不会放过小林呢?肯定不会。

"经理会不会炒我鱿鱼?"

之前没有任何征兆,因为这一件事就炒鱿鱼,有点说不通。

"以前都没有过,今天经理遇到什么事情了吗?"

经理遇到什么事情,不是小林能够解决的。小林如果琢磨这个问题,也就只能是下次汇报工作前察言观色一下;但小林如果出错,经理哪怕心情再好,也一样会批评小林。

"我的标书怎样才能做得更好?"

解决这个问题后,能够让经理对小林的标书认可,以后也能做出漂亮的标书。哪怕经理脾气再不好,也不会天天找碴。

如何判断哪一个是我们要解决的最重要的问题呢？在设问的过程中我们必须不断追问自己：

"解决这个问题，可以真正解决颠覆现状的问题吗？"

"如果是这个问题，我能解决吗？"

"解决这个问题，可以实现我的目标吗？"

……

不断追问自己，判断出哪一个设问是最重要的。而这个最重要的设问就是难题的本质。

经过小林的设问和分析，找出了"我的标书怎样才能做得更好？"这个设问，是最重要的必须解决的问题。

第四步，给出答案

围绕着小林找到的问题本质，我和他一起探讨寻找解决方案，编写标书有哪些流程和注意事项，他需要怎样做。如果你设问出来的问题比较复杂，难以一下子给出解决方案，那么就需要对此进行更多的原因分析。

SCQA 模型四个步骤的应用

S 稳定的状态：小林每天正常上班，本职工作是为做销售的同事制作标书。希望未来的工作，经理不要再因为标书的事批评他。

C 颠覆现状的问题：经理在同事面前骂他。

Q 自我设问：我的标书怎样才能做得更好？

A 给出答案：编写标书的流程和注意事项。

> **注意** 当问题的原因显而易见，并且在过去的经验积累中已经有成熟的解决方案时，就没有必要再用模型来进行分析。

而当问题非常庞大，庞大到你一动手处理，就会生出无数个枝节来时，则需要采用多个 SCQA 模型来分析。

当我们处在事情中，情绪波动时；或者当事情挑战了我们的能力，让我们抓狂时，我们要先冷静下来，再开始处理。

★在难题出现时，切忌盲目给出解决方案，那将事倍功半。

拆为己用

I 重述信息

请简述 SCQA 模型运用时各个环节的要点。

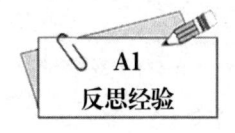

A1 反思经验

回想一下最近让你困惑的一件事情，运用 SCQA 模型找到问题的本质。要求在自我设问环节，向自己提出不少于 10 个问题，并对每个问题进行分析。

A2 规划应用

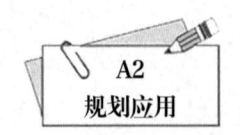

想象一个场景：你的朋友抱怨，今天老板"发疯"，要她一周内给公司做出一款线上"知识付费"产品的调研报告，而自己只是公司策划部文员，这不是自己职责范围内的事情。请运用 SCQA 模型帮助她分析，找到问题的本质。

笔记

16 丰田五问

——如何预防老板咆哮"这么简单的事情都干不好"

有一次,我去给一家连锁企业讲课,一位高级经理在课上分享了一件事情。因为要给董事会做特别报告,他要求下属汇总分析数据。但到了要汇报的前两天,下属说,还没有汇总好,因为好几家分店还没有把数据交上来。他问:"你为什么不催呀?"下属说"我催了,但催了几次都没用"。他当时就发火了,责骂下属无能,这点事都干不好。

我问:"你对这位下属的工作能力评价如何?"

经理说:"态度还可以,但跟人打交道的能力不行。所以,如果是自己能完成的活,她基本可以干好。但涉及要其他人配合的,像这个事情,她就搞不定。"

我问:"你觉得问题是'她跟人打交道的能力不行'。那你这样骂她一顿,她就行了吗?"

他想了想说:"应该还是不行。因为她还是不知道该怎么做。"

我问:"她怎么做才能从这次的经历中学到解决类似问题的方法呢?"

经理想了很久,跟我说:"除非她能想清楚问题的根本原因到底是什么。要深入思考呀,不能只看问题表面。"

我说:"这么说是没错,那么你作为他的管理者,只是跟她说'要深入思考',她能不能做到深入思考?你怎么辅导她具备'找到问题的根本原因'这种能力呢?"

这位管理者愣住了。

在职场中,有些人成长得快,五年可以达到别人二十年的成就;有些人成长得慢,每次开同学会都觉得自己抬不起头。成长慢的人,不一定不努力,但常常把很多时间和精力都浪费了。他常常是遇到问题就解决问题,像这个案例,分店不按时提交数据,就反复催。这样做有时候无效,有时候有效,但很快会遇到同一类问题……

不仅在工作中如此,生活中也是一样。比如,家庭成员中有矛盾或争吵很正常,但是,如果总为同一类事吵架,则不仅非常消耗精力、感情,而且大家内心中会觉得这些问题根本无法解决,陷入绝望的状态。

有一次,在拆书帮的活动中,一位年轻妈妈说起她和婆婆之间的头疼事。她孩子发烧了,她要送去医院,但婆婆说她是没事找事;婆婆会指责她吃菜把葱蒜挑出来,说这是不给孩子好榜样;婆婆甚至会对孩子说她的坏话。她跟婆婆对质过,争吵过,但都没什么用。导致现在她极其讨厌面对婆婆,想到回家就难受。

很多小伙伴给她出主意:怎么跟婆婆摊牌、如果请婆婆回老家会怎么样……但这些七嘴八舌的主意,都是"头疼医头、脚疼医脚"的解决办法,除了让讲述者感受到情感上的支持,并不能真正解决问题。

无论在工作中,还是生活中,成长快的人善于反思,遇到问题能够找到根源,从而不会把时间、精力耗费在同一类问题上——要找到问题的根源,就要以一种打破砂锅问到底的态度,反复探求某一问题的本质。

具体怎么做呢?用连续追问五个(或者更多个)"为什么"的方法,可以有效地帮助自己(或者促使别人)深入反思问题根源,找到真正需要解决的问题。这个方法就叫"五问法"(5 why)。

"五问法",源自一本讲精益生产的书。这本书在制造业鼎鼎大名,无人不知、无人不晓,书名叫作《丰田生产方式》[①],作者大野耐一,被称为丰田生产方式之父。

[①] 大野耐一. 丰田生产方式 [M]. 谢克俭,李颖秋,译. 北京:中国铁道出版社,2014年.

因此,"五问法"也称为"丰田五问"。

在《丰田生产方式》中有这样一个例子:

一台机器不转动了,你就要问:

"为什么机器停了?"

"因为超负荷,保险丝断了。"

"为什么超负荷了呢?"

"因为轴承部分的润滑不够。"

"为什么润滑不够?"

"因为润滑泵吸不上油来。"

"为什么吸不上油来呢?"

"因为油泵轴磨损松动了。"

"为什么磨损了呢?"

"因为没有安装过滤器混进了铁屑。"

反复追问"为什么",就会发现,机器需要安装过滤器。

如果没有问到底,换上保险丝或者换上油泵轴就了事,那么,几个月以后就会再次发生同样的故障。

追问"五个为什么",这听起来没什么神秘的。但大野耐一却说,这就是他创立的"丰田生产方式(TPS)"的根基。

全球制造业竞相学习的丰田生产方式最初得以被发现和确立,是因为丰田的管理者在别人觉得已经没有问题的地方不断地追问"为什么"。因为，自问自答五个"为什么"，就可以查明事情的因果关系，找到隐藏在背后的"真正的原因"。

丰田生产方式影响之大，非制造行业的从业者可能难以想象。美国麻省理工学院将其总结为精益生产，说它"是一种不做无用功的精干型生产系统"。

如果我们的人生能够不做无用功该多好啊！那么，怎样对自己的经验或体验（尤其是遇到挫折和问题时）进行反思呢？我们来一起试一试用"五问法"进行反思。

在第一个案例中，那位资深经理可以用"五问法"这样追问下属：

> "为什么那件事还没有做完？"
> "因为好多分店都不能及时交数据，我催了好几次都没用。"
> "为什么分店的数据不能及时提交？"
> "因为收集数据和整理数据很麻烦吧！"
> "为什么他们处理数据这么麻烦？"
> "因为平时都没有注意处理，所以在做报表的时候要追溯处理一个季度的数据。"
> "为什么他们平时不处理数据？"
> "因为我们没有要求日常记录追踪数据。"
> "为什么我们不要求日常记录追踪数据？"
> "因为现在的周报表还在沿用前年的格式。"

这样，就知道那家连锁企业的问题，根本原因是分店平时不收集数据，临时抱佛脚的工作量很大。解决问题的方向应该是修改每周工作报表的格式，要求分店每周都整理并填写相关数据。

熟练了"五问法"的思路，你也可以自问自答，帮助自己把问题想得更深入。就以婆媳矛盾的例子来说，可以这样追问：

追问婆媳矛盾的原因

"为什么和婆婆闹矛盾？"

"因为孩子发烧我要带孩子去医院，她说我没事找事。她还说我吃菜把葱蒜挑出来是没给孩子做好榜样！"

"为什么她要指责你？"

"因为她就是这么强势呀，什么都要按她的意思来。"

"为什么必须按她的意思来？"

"因为她觉着自己更有经验、更有资格、更应该说了算呗。"

"为什么她觉着应该自己说了算？"

"因为她认为自己才是这个家的家长。"

"为什么她会这么想？"

"因为我老公从来没有正面跟他妈谈过：'妈妈，我们感谢您来帮忙，但是毕竟这是我们的家，应该我和我妻子做主。'"

"为什么你老公没有跟妈妈谈过这些？"

"因为他觉着没法跟妈妈开口。"

"为什么老公觉着没法开口呢？"

……

这样追问，就发现本质不在于婆媳矛盾，而在于一家人对家庭顺序没有达成一致的认知。而解决问题的关键是丈夫要担负起自己的责任。如果他认同妻子的观点，那么咬牙也要跟自己的妈妈把话说清楚。

强调一下，"五问法"这个工具从精益

生产中传承来的精神是，避免浪费，高效解决问题。分店不按时交数据，反复催促并不能真正解决问题，治标不治本；婆媳为类似的事情反复闹矛盾，有时会吵几句，丈夫做和事佬两边协调，头疼医头、脚疼医脚，这是浪费精力。通过追问"为什么"，找到问题真正的原因，然后对症下药，这才是真正解决问题的有效做法。

拆为己用

I 重述信息

能否解释一下，为什么追问五个为什么就可以避免浪费？

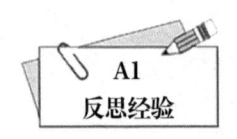

A1 反思经验

回顾你在过去一年中，时间和精力的使用情况，分析有哪些属于"浪费"？挑出一两项来，分别追问和反思。从"为什么会产生浪费呢"开始。

A2 规划应用

想象一个场景：你的朋友抱怨，她花了几千块钱买了各种"知识付费"产品，但现在觉得根本没什么用。请你试着用"五问法"来帮助她找到真正的问题。把对话编写出来，包括你的提问和她的回答。

17 脑袋换位思维训练法
——如何站在更高的高度思考问题

在职场中，我们常常可以听到领导、上司对年轻人说，小伙子做事情很认真，但如果希望事业有更大的发展，思考问题还需要提升一下高度啊。话说得特别有道理，可年轻人很难想得明白，什么样才是更高的高度呢？

管理学大师彼得·德鲁克在《管理的实践》一书中，描述了三个石匠的故事：有人问三个石匠他们分别在做什么。第一个石匠回答："我在养家糊口。"第二个石匠边敲边回答："我在切割石材，我是全国最好的石匠。"第三个石匠仰望天空，目光炯炯有神，说道："我在为人们建造一座大教堂。"这个故事里，做同样的事情，三个石匠的思考层次不同、高度不同，自然，最后的人生成就也就不同。

有句话说，人若没有高度，看到的都是鸡毛蒜皮。人若有高度，看到的都是美好的未来！

那么，如何让我们的思考更加有高度？一起来看看日本著名管理学家大前研一介绍的脑袋换位思维训练法[①]。

脑袋换位思维训练法是非常简单的思考力训练方法，帮助我们切换到不同的层级思考，得到不一样的视角，快速提升思考的高度和水平。

在《思考的技术》一书中，大前研一回顾自己在一无所知情况下加入麦肯锡，必须比别人加倍努力。用到的重要的方法就是思维能力训练。

结合自己的思维训练经历，大前研一给出的非常有效的提问训练方法是，遇到问题时这样思考：

★你认为公司应该解决的问题是什么？

★如果你的职位比现在高两级，为了解决这个问题，首先你会怎么做？

提高思考问题的层级，会带来什么样的不同呢？我们来举个例子，在一个公司里，我们对不同层级人员的思维方式做个简单剖析，看看销售人员、销售经理、销售总监和公司CEO，分别是什么样的思维模式。

销售人员：是执行思维。聚焦于完成具体的销售任务和指标。思考的是我要做的事情是什么？如何开始？如何结束？

销售经理：是团队思维。从做事的人，变成管事、管人的团队负责人，思考团队成员特点是什么？如何建设一支富有战斗力的团队？如何更好地发挥团队优势？如何帮助团队成员提高绩效？

销售总监，是统筹策略思维。需要更全面思考问题，思考如何落实公司战略规划？关注市场的趋势如何？如何制定全年目标？采取什么策略？需要什么资源以及如何有效配置？如何开展内外部协调？如何预防和处理危机？

公司CEO，是战略规划思维。要跳出局部的思考，进入全局、系统思考思维，关注商业模式、产品结构、品牌塑造、运营成本、供应链、市场格局变化等。思考更多商业要素的组合如何发挥最大的效益。

所以，我们看到，从一线的销售人员，到销售总监，再到公司CEO，从做好一件事，到带领一个部门团队，再到带领整个公司，甚至领导一个行业，思考的范围更大，

---

① [日]大前研一. 思考的技术[M]. 刘锦秀, 谢育容, 译. 北京：中信出版社, 2010年.

层次更高。

我把大前研一的提问训练法归纳为：**脑袋换位思维训练法**。具体做法就是，针对遇到的问题，在"屁股位置不变"的情况下，我们可以通过"脑袋换位"的方式，沿着"执行思维→团队思维→统筹策略思维→战略规划思维"的思路，进行更高层次思考。

结合实用行动案例，看看如何切换为不同层级的思考方式。

你是一位营销团队成员，目前公司面临市场瓶颈，"如何快速提升公司营销收入"成为销售模块重要的挑战。针对这个压力问题，不同层级的解决思路不同。

【执行思维】

销售员的思考：如何投入精力维系我手头的老客户资源，防止客户流失，再逐步发展新客户？

【团队思维】

销售经理的思考：如何激活现有的销售团队，让不同团队成员组成方阵，分别针对新客户做营销攻坚，对老客户做好关系维护？

【策略思维】

总监的思考：如何制定新的市场策略？如何投入精力和资源重点开发新客户，或考虑拓展线上销售渠道？

【战略思维】

CEO 的思考：未来的行业趋势会如何？如何从其他行业挖掘开发新客户的市场机会？

面对同样的问题，在不同的层面，解决思路和方法就有很大的差异，如果我们经常可以以更高的位置来思考问题，就会达到更高的思考空间。

正如爱因斯坦说的，我们无法在制造问题的同一个思维层次上解决问题。我们应该提升思维的层次。我们会发现层次越低的问题，越容易解决。一般来说，一个低层次的问题，在更高的层次里容易找到解决方法。反过来，一个高层次的问题，采用较低层次的解决方法则难以奏效。

最后要说明的是，脑袋换位思维训练法，并不是要求我们去帮领导分忧，而是通过这样一种思维训练方法，提升我们思考的高度，让我们的思维不受限于自己的位置。

"屁股决定脑袋"——反映了基于特定位置的思考方式，这是静态的相对观点；如果用发展的、动态变化的眼光来看，就不一样了。脑袋被认可和欣赏，是脑袋的学习进化，并决定屁股的位置变化。在我们通过训练，让脑袋具有更高的思考高度之后，就会最终改变屁股的位置，决定我们人生的位置和成就。

拆为己用

I 重述信息

关于"脑袋决定屁股"和"屁股决定脑袋"，你有什么样的理解？

A1 反思经验

伙伴们请想一想，最近自己工作生活中遇到了哪些问题（或新的挑战）？比如业绩下滑，团队士气低沉；合作方太强势，却很不专业；因项目预算不足，无法如期推进，等等。选择其中一个实际问题，自问，自己会如何解决？如果从你的上司（甚至更高层级领导）的位置来思考，他们又会如何解决这个问题？

作业格式——
问题描述：
解决思路
我的思路：
上司 1 的思路：
上司 2 的思路：

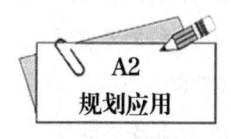

A2 规划应用

未来的一周，选择某个主题（团队建设、重点任务、员工培养等），尝试从你上司的角度，用脑袋换位思维训练的方式做深入思考，记录你的思考收获。

18 迪士尼策略
——提出新计划时,如何不被老板"拍死"

在职场中,每个人都会编写各种各样的计划,比如落实本部门月度某个指标、做读书会、解决某个难题等。计划编写完成后,提交给上司,等着回复。这个时候你多少有些忐忑,想着计划能一次通过就好了,因为那象征着上司认可你的能力、信任你,这会给你的升职加薪添些筹码。上周我在培训现场做了一个小调查,"你向上司提交一份工作计划,一次通过率在80%以上的,请举手。"现场37人,有13人举手。如果你是其中一员,你会举手吗?

你期待上司一次性通过计划,但往往事与愿违。然后你去请教职场高手。他们说:"你要把计划做完善,你要去揣测老板的想法。"可你本就是一个不善于察言观色的人,要猜中老板的心思太难了。

你知道有一个高手对制订计划最在行"如果他能帮我看看我的计划,提出各种中肯意见,然后我来修正,这样我就能让计划一次性通过了。"可你和他不熟悉,他不见得愿意看,即便愿意看,也有可能碍于情面难以真正批评和指点。

怎么办呢?迪士尼策略[1]可以从梦想家、实干家、批判者的角度解决这个问题。

<u>什么是迪士尼策略?</u>

沃尔特·迪士尼被喻为创意天才,他能够凭空创造出各种卡通人物。有创意的人通常思维比较发散、跳跃,却难以将想法落地,而能将事情做踏实的人,但往往又没有创意。于是迪士尼公司让不同的人分别扮演"梦想家""实干者"和"批评者"来处理问题,从而生产出《猫和老鼠》《狮子王》等家喻户晓的动画片。这种处理问题的方式被称为"迪士尼策略"。迪士尼策略是从NLP大师罗伯特·迪尔茨的研

---

[1] [美] 罗伯特·迪尔茨. 归属感[M]. 庞洋译. 长春:北方妇女儿童出版社,2015年.

究和沃尔特·迪士尼工作过程的策略而发展而来的。

在迪士尼策略中，三个角色各司其职，梦想家创造愿景，实干家做出行动，批评家从局外人的角度评估项目。三个角色又缺一不可，如果缺少实干家视角，就无法将想法变为现实；如果只有批评家和梦想家视角，则会陷入纠结；梦想家和实干家视角可以推动事情前进，但如果没有批评家视角，想法可能就没有机会得到完善；而没有实干家和梦想家视角在场的批评家，充其量只是一个"搅局者"。

这三个角色如何开展工作呢？我们来看一组问题。

梦想家

（1）你想做什么？你为什么想这么做？目的是什么？

（2）这样做有什么好处？你要怎样才能知道得到了这些好处？你期望什么时候能得到？

（3）你想要通过实现这个想法变成谁或者变成什么样子？

实干家

（1）整体目标将于何时完成？

（2）这个想法具体会怎样实施？第一步是什么？

（3）什么样的反馈说明你正在朝着目标前进或者正在偏离目标？

提问力（笔记版）

批评家

(1) 这个计划会影响谁？谁能够保证计划的有效实施？谁会阻碍这一计划？为什么？

(2) 在什么时候、什么地方你会不想实施这个计划？

(3) 目前这个计划缺什么或者还有哪些是没有想到的呢？

....

目标是脚踏实地干出来的，需要我们的计划完善且有高执行性。工作中常常会有一些新的问题出现，一些新的从未经历过的项目要完成，而面对新生事物时通常有很多地方难以考虑周全。此时需要梦想家的视角，梦想家从什么角度提问，促使决策者想象未来梦想的画面；将梦想家的想法转变为现实需要实干家视角，实干家从如何做的角度提问，想象有哪些步骤可以实现梦想的画面；过滤风险、优化流程，需要批评家的视角，批评家提出假设，思考"假如"出现问题将会"怎么样"。

开篇提到的小调查，起因来自一位项目经理，他希望我介绍做投融资的人给他，说想请教这方面的知识。

我很好奇，问他："为什么要学投融资方面的知识？"

他说："我希望能够评估每一个项目的投资回报率，让老板知道，这个项目是可以赚钱的。"

他这样说，我更好奇了，接着问："投资回报率高的项目，老板一定会批准吗？"

他想了想说，"也不见得。"

我用梦想家角色接着问他，"这个项目实施之后，分别可以带来哪些成果？"

他说，"这个问题我想过，有……"

我用实干家角色问："一个项目在执行的过程中有哪些行动步骤？有哪些需要注意的事项？"

他说，"项目执行启动前要成立一个项目小组，团队成员进行两次沟通达成共识，有三个里程碑的时间节点……。"

我再用批判家角色问："你要执行这个项目，现在已经写好的方案里面还有哪些是没有想到的？"

他沉默了，半晌才说："我还真没想过这个问题。这是一个很好的思路，我要回去看看我的项目，看看还有什么是我没有想到的。"

就这样，批评家角色让他看到，可以通过查找遗漏的环节来避免问题出现，将改进内容修订并写进计划中，而不一定要学投融资的知识。

批评家视角的正面作用在于使创意、计划更完善。有个关于某位老板的笑话，说该老板想出一个新点子，他对自己的创新性思维能力很是自豪，但公司的员工说，不过一分钟，他就能又想出一个点子……但没有一个点子能够让公司发展起来。这位老板缺了点实干精神和批判意识。

怎样运用迪士尼策略执行完善的工作计划呢？下面以成立读书会的计划举例。

梦想家提问

到 2025 年年末时，如果你已经实现你的计划，你希望读书会是什么样子？

答：我希望公司里有 15% 的人，能通过读书会获得收获，帮助他们解决工作中的问题。

实干家提问

为了实现这个梦想，你在 2025 年的需要做哪些事情？可以设置哪些里程碑来反馈你的计划执行情况？

答：第一步我要找到 10 位喜欢读书的同事，第二步和这些同事一起商议我们如何收集大家的问题，第三步围绕收集上来的问题，我们商量有哪些书籍可以帮助解决这些问题，商量用什么方法读这些书……

批评家提问

这个计划的执行有什么障碍？

答：难以获得更多的同事参加。时间长了，公司领导可能不那么支持了。

会影响谁的利益？会失去什么？

答：读书会如果占用上班时间，那么经理们可能不愿意，因为影响正常工作；如果放在下班后，同事们如果不是发自内心地参加，就会将读书会的活动当作任务，认为读书会占用了自己的休息时间。

你还有什么没有考虑到的？

答：我假设了最初的10位同事明年都不离职，还假设了他们都真正愿意一起来筹备读书会。可事实有可能不是这样的。

······

三个角色分别完成了提问。我们看到，当事人在畅想读书会愿景时，做了最好的假设，而实际上这些预设需要当事人做很多的努力，而且还代替同事做了不离职的决定。

现在，我们完成三个步骤，进入梦想家的位置——描绘未来，再到实干家位置——提出计划，最后到批评家位置——忠言逆耳。此时，并没有结束，我们还需要依次退回到实干家的位置，根据批评家提出的疑问完善计划；再回到梦想家位置，根据实干家的具体计划，更加清晰地描绘未来愿景；直到从梦想家、实干家、批评家三个角度都得到满意结果为止。

最后将内容整理形成成立读书会的计划。

如果你是独自使用迪士尼策略，那么你的三个角色的占比会有一些自然的偏重。比如你平常喜欢畅想，但执行力不足，说明你的梦想家角色偏重，那么你在做计划时，要多用实干家的问题追问自己。我们刚从大学毕业的时候，多偏重于这样的角色。如果你是一个踏实的执行者，那么你要多用梦想家和批评家的问题问自己。如果你看什么问题都是一种挑剔的眼光，说明你是一个完美主义者，你的批评家角色偏重，那么做计划时要多用梦想家和实干家的角色问问题。

当然，你也可以在制订计划时，邀请同事、朋友、家人来扮演批评家的角色，帮助你从更多的视角来评估你的计划。

记住，迪士尼策略真正有效就在于从三个角色提的问题让你获得了新的思考，并重新审视已经做出的计划的完善性。

拆为己用

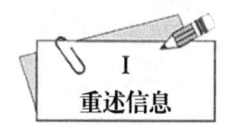

I1 重述信息

运用迪士尼策略时你更偏重哪个角色？请列出三条以上的行为表现。

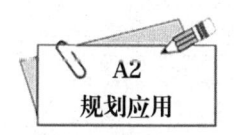

A2 规划应用

请挑选一个最近已经做好的工作计划。这个计划是一件事情，而非一个阶段N件事情的计划。围绕这个计划，用梦想家、实干家、批评家的角色向自己提问，找出1个以上需要改善的内容，请按下面格式写下来。

A. 我的工作计划名称是_____。

B. 我找到的改善点有_____。

C. 让我找到改善点的问题是_____。

D. 这个问题是_____（在梦想家、实干家、批评家三个角色中挑选一个）。

提问力（笔记版）

笔记